給兒子的18堂
商業思維課

Business Acumen

為孩子的未來創造可能性，
培養他們能打「世界盃」的眼界與能力！

林明樟、林承勳 著

If you don't learn to think

when you are young, you may never learn.

—— Thomas Alva Edison

如果你年輕時沒有學會思考，

也許就永遠學不會思考。

——湯瑪斯·愛迪生

花更多的錢想出
更賺錢的方案

\# 當我們經營遇到困境時，先想想別人會怎麼做
\# 適當的負債可以幫助我們打破經營困境

沒想到這麼努力兼具正道與孝道的嚴凱泰先生，54歲就離開了。人生，明天先到？還是意外先來？沒有人知道！只能好好珍惜每一天。

原本打算花幾年的時間，寫下我和兒子在日常生活中看到的個案，希望透過一個個他親眼看過的真實個案，慢慢地為自己的兒子奠定一些商業思維（供需、價值、交換、佈局與生存等技能）。因為嚴先生

突然的離世，加上現在有空，我就想趕快把它寫出來，希望日後對他有些幫助。

這些思維不一定能幫他變成大富大貴，但應該能幫他的未來創造更多可能性。

好了，今天來分享機車店老闆的故事。這幾個月為了接送哥哥上下學，天天往返台北桃園，父子倆一天多了二個小時獨處的men's hours，雖然多數時間的

哥哥都是半夢半醒間⋯⋯

　　每天路上我們都會經過一家機車店，連續看了三個月後，我問兒子：「你有沒有注意到這家機車店的老闆，每天和我們一樣，不到七點就營業開門了，但沒有開燈。」

　　晚上九點我們經過時，他還在營業，但店面只留了幾個昏暗的燈泡。

　　兒子回答：「對吼，真的欸。」然後他看了看那家店的對面，有另一家機車店燈火明亮，店面停了兩台還在修理的車子。

　　我問：「你猜猜看，那家昏暗機車店的老闆這麼努力，一個月可以有多少收入？」

　　兒子答不出來。

　　我引導兒子思考：「你覺得他一天能接幾張修車

的訂單（客人）？」

兒子回答說：「一天至少五個吧！」

我回：「不太可能吧！你想想，那種環境，你們年輕人會去那裡修機車嗎？」

兒子傻笑不語。

我猜，那家店一天可能不超過兩個客人，因為店面環境實在是落後整個市場同業至少10年。除非是老

客戶，或是爆胎推車推很久、一身大汗的路人剛好經過，要不然不會有任何新客戶。

我問：「你猜猜看，如果是這樣，這家店的老闆一個月能賺多少錢？」

兒子想了想：「應該有幾萬元吧。」

我說：「做生意要用腦用心去思考。」

剛才不是說，這家老闆一天可能只有2組客人，

一個月爆肝不休息連續工作30天，共有30x2 = 60個
客人。一般的客人都是進來換機油、輪胎、煞車皮
與大燈或方向燈燈泡這種簡單的維修，收費只有幾百
元，毛利平均應該只有200元／客人。

　　我問：「哥哥請你算一下，這家老闆一個月可以
賺多少錢？」

　　哥哥：「60組客人，每組只賺200元，6*2 = 12……

共1萬2000元。」兒子突然驚醒。「哇噻！居然比
22K還要少！」

　　我說：「對啊，這麼認真卻賺不到錢養家活口，
那一般機車店的老闆會怎麼做？」

　　兒子回應：「應該會開始裁員，先把修車的學徒
開除，同時想辦法省錢。原本天天會清洗地板的水費
省下來；電燈本來全開後來只開一半，然後換成燈

泡，白天可能就不開燈⋯⋯」。然後他突然回神對我說：「難怪老闆白天不想開燈，晚上只留幾個燈泡。」

聽到兒子的回答，我內心很高興，於是順便分享我個人的看法：

當我們經營遇到困境時，先想想別人會怎麼做，然後告訴自己：「絕對不要這樣做。」

為什麼呢？因為群眾是盲目的。

大家都這樣做，你也跟著做，就沒有差異。沒有差異的做法，就無法帶你離開困境。

兒子問：「那該怎麼做？」

我說：**「花更多的錢想出更賺錢的方案。」**

兒子問：「怎麼可能！我就已經沒錢了，怎麼可能再花更多的錢？」

我回：「因為控制成本與費用，再怎麼厲害，最

多只能控制到接近於零，因為成本與費用一定會大於零。」

成本控管過當，就會變成偷工減料的黑店，年輕人超聰明一下就傳開了。費用控管過當，就會變成一人公司與昏暗機車店。

這條路一直走下去，你覺得走得遠嗎？

兒子回應：「對哦，這樣好像走不遠，一樣會倒

閉，而且到最後只會愈來愈慘。」

我說：「嗯。做生意哪有零負債的事，你至少有給進貨供應商的應付帳款、房租水電每月的應付費用、跟親友銀行借的應付款……等等等，所以不要太害怕借錢做生意這件事。」

兒子回應：「對吼。原來開一家店要這麼多錢，原來做生意有那麼多負債。」

我回：「負債只要控制得好，好好善用它，幫我們帶來收入，那就是好的負債。加上，如果負債的風險在可控的範圍內，**適當的負債可以幫助我們打破經營困境。**」

兒子問：「怎麼可能？」

我回：「當然可能。」

例如：再向親友或銀行借 50 萬元，做幾件事：

1. 舖設亮面的防水地面漆。（讓人家覺得你很專業。）
2. 把燈管全部換新。（明亮讓人想進來。）
3. 把所有工具定位在牆面上。（物有定位，讓人覺得更專業。）
4. 幫機油、輪胎、煞車皮搞一個 DM，好好分析誰好誰壞，然後出兩個方案：最便宜的，以及最有品質的，兩種就好。讓客戶自己選，客戶會覺得你超有

同理心，預算高低兩種客戶你都能服務到。

5. 裝一組升高機，讓車子維修更方便。

6. 搞一個高腳咖啡桌，讓客戶喝杯咖啡等你維修。每個重要、要更換的零件放在另一張桌上，讓客戶自己決定要用DM上的那個方案（便宜的、有品質的）。

7. 遇到三年以上的老車，請你全部建議「便宜的」。

然後跟客戶說：「車子比較舊了，不要亂花大錢換太好的零件，夠用就好。」然後你就會有口碑。

8. 搞一件看起來很厲害的夜市版賽車服，然後去學校附近找人繡上「OO機車專業維修機組人員」。

9. 弄一張A4材料清單，請客戶確認簽名後再收錢。

10. 買個5000元的高壓沖水機，在客戶離開時說：「我看你的車子有點灰，我幫你沖一下。」

11. 臨走時，給客戶一張集點卡，送全車打蠟或是其他勞力型的附加價值，反正老闆空等的時間很多。

　　就這樣，**花更多的錢想出更賺錢的方案**，這家店的生意應該就會起死回生；前提是老闆的維修技術要有一定的水平。

　　我問兒子這樣要花多少錢？他低頭細算：

1. 應該要五萬元

2. 應該只要一萬元

3. 應該只要一萬元以內

4. 不用錢，只要用心

5. 應該要花五萬元

6. 可能要花一萬元，因為還要有咖啡機

7. 不用錢，只要動動口

8. 兩千元應該足夠

9. 不太需要錢

10. 五千元

11. 不用錢，只需要時間投入

　　這十一項相加大約⋯⋯十五萬元，就可能讓店家起死回生。

　　反應很快的兒子回問我：「看起來方向是對的，成功機率也很高，我應該也會去那裡修理機車了。但是，為什麼沒有人這樣做呢？為什麼大家都是把機車店愈開愈暗（不開燈）呢？」

　　我回：「因為跟著別人做比較容易，自己動腦很

辛苦，所以每個行業大家都是 copy 來 copy 去，久久才會出現一個厲害的高手，因為那位高手可能是少數有動腦經營自己事業的創業家。」

　　我問兒子：「還想創業嗎？」

　　他回：「欸⋯⋯看來很麻煩啊，我再想想好了。」

　　哈哈哈。

成為頂尖人士的
三個層次

一針頂天，非你莫屬
細分壟斷
「微觀」學手感，「中觀」建套路，「宏觀」看趨勢

　　昨天和兒子一起開車回家，副駕駛座上有一疊散落的資料，是「梁寧產品30講」的逐字稿影本。

　　哥哥好奇地問：「這是什麼文章？」

　　我回答：「這是一個很牛逼的大陸人寫的文章，內容很棒，作者是雷軍口中的北京中關村才女唷。」

　　一路上我分享了自己看到梁寧老師文章的啟發，我講得很快樂……談著談著，我瞄到哥哥聽得有點無

趣，於是話鋒一轉，聊到哥哥未來的夢想。

　　他回答說：「我可能會想從事『運動事業』」。

　　然後哥哥分享他覺得如果要推出一個運動產品時，應該要先專注一項做到頂尖，之後再開發另外一項產品，比較有機會成功。因為他觀察到許多腳踏車小廠或新創小品牌，一次開發了太多產品，結果樣樣做、樣樣鬆，產品都一般般，沒有太大特色。他們這

群愛騎腳踏車的朋友，看完後都沒有信心去買；因為
哥哥的零用錢有限，用錢要精打細算，把錢花在值得
升級的配備上。

我回應：「對！對！對！一定要先做到**一針頂
天，非你莫屬**，才會有口碑，這樣比較容易成功。」

隨後哥哥舉例 Nike 前一陣子新推出的腳踏車卡踏
鞋，在他這群車友之間的看法……

哥哥分享完他的看法後，我心裡很高興，因為他
好像已經懂得**細分壟斷，先求生存，再求發展**的企業
營運策略。這小子真的對商業有點小小天份。

接著，我請哥哥翻開梁寧的第 28 講，與他分享：
「其實你也可以套用裡面的作法唷，就有可能打造你自
己夢想的運動人生。」

■如何成為○○人士的三個層次

「微觀」學手感（成為天才的 1 萬小時）
「中觀」建套路（方法、步驟、流程）
「宏觀」看趨勢（點、線、面、體）

成為超級業務（和兒子分享我的業務經歷）

● 「微觀」學手感：您有打過電話或是陌生拜訪，被人拒絕 1000 次以上嗎？為什麼口氣那麼差的客戶，後來變成大客戶？為什麼那麼客氣的人，後來變成很劣質的客戶？這麼多客戶之中，哪些是詢價、議價、比價的人？哪些是來偷技術的人？哪些是來談案子的人？您現在的銷售手感在那個層度？Pipeline

Phase 1-2-3-4⋯⋯

● 「中觀」建套路：公司與前輩教的方法、步驟或流程，真的可以強化或優化微觀中的手感嗎？還是您只是不斷重複業界前輩習以為常的銷售手法——參展？廣告？SEO？轉介？新產品發佈會？科技部落客？Seminar？Press Release？Road show？

● 「宏觀」看趨勢：您有看到自己所屬行業的點、線、

面、體需求的變化？

成為超級講師（和兒子分享我目前的工作經歷）

● 「微觀」學手感：您有練過 1 萬小時嗎？您看得出學員學習狀況嗎？客戶（學員）目前學習的成效在那個層度？有了解／掌握／活用嗎？

● 「中觀」建套路：您有方法、步驟或流程，可以強

化或優化微觀中的手感嗎？優化後，能不能從了解層，升級到掌握層，甚至進化到活用層？該怎麼做？

● 「宏觀」看趨勢：您看到教育培訓行業的點、線、面、體的軸轉趨勢嗎？為什麼會轉到那裡去？真的嗎？還是您看文章學來的？

中觀的套路，只能成「熟手」（某個技能的）。

微觀的手感，才能變「高手」（某個職位的）。

宏觀的趨勢，才能變「殺手」（某個產業的）。

成為超級醫療人員（和兒子分享我未來的規劃之一）

● 「微觀」學手感：您有練過1萬個病患個案

25

嗎？每一科的醫學準確率，目前無法達到多少百分比？類似的病例為何後來變化不一樣？您當時有看出其他科別的某項原因可能對病患的可能影響嗎？您現在的醫術在那個層度？對病患了解／單科掌握／跨科活用？

● 「中觀」建套路：學校與醫院學的方法、步驟或流程，可以強化或優化微觀中的手感嗎？還是您只是

不斷重複 R1 到 PGY 這幾年學到的手法？

● 「宏觀」看趨勢：您有看到病患／客戶在這個行業中，對醫師的點、線、面、體軸轉需求嗎？多數醫師只看到健保的低價問題、奧客病患愈來愈多、醫療行為被告風險愈來愈大，您有看到什麼新的趨勢嗎？

分享完後，我回頭問哥哥，如果想要成為超級運動家：

- ●「微觀」學手感：你自己應該怎麼做？
- ●「中觀」建套路：你可以向誰學？
- ●「宏觀」看趨勢：除了腳踏車零件與各國車手故事，你都能細數家珍外，你如何培養自己的宏觀視角，才不會變得自high？

哥哥長思不語，應該覺得他老爸很無趣，怎麼這麼快就導入、活用在他的身上，哈哈哈。

快到家時，我問：「那我安排你去捷安特打工，要不要？」

哥哥立馬回應：「好啊！好啊。」

不要貪心的
想拿走桌上的
每一分錢

#財聚人散，財散人聚
#把錢放進口袋後，要拿出來分享真的超級困難
#包少不如不要包，這根本是反激勵

　　為了陪哥哥，愛漂亮的妹妹常常二話不說，很義氣地陪著我們上山下海玩潛水、露營、鐵人三項、騎單車，曬得變成小黑美人。哥哥則覺得這小妞老是纏著他覺得很心煩。我們大人看在眼裡，對女兒特別心疼，於是在難得的空檔期間請老婆安排二天一夜的遊樂園行程，這次輪我們全家陪著妹妹玩樂。

　　在前往樂園的車程中，天南地北聊著，在某個

話題中，老婆突然說了一句話：「對啊，我們讀書一定要讀出自己的氣度，不能像你老爸一樣愈讀愈沒氣度！」

　　我說：「怎麼了？我開著車也會中槍！」

　　於是老婆和兒子分享當時我在企業界當業務主管的故事。話說2002年，我負責的德國市場一年營收大約只有幾億元，後來我這麼搞、那麼搞又這樣搞，於

是就拿到一張公司多年來一直拿不下來、近50億元的大訂單。故事很長，簡單地說就是我很厲害的意思，哈哈哈。

老婆說：「在案子結案後，總經理把你老爸叫去總經理辦公室，然後包了一大包的現金紅包給爸爸，這是你爸爸第一次拿到這麼大筆的額外獎金。你老爸立馬跑到另外一個小會議室打電話跟我說：『哇！我

拿到一筆很大的獎金唷！』說完後，又說因為整個專案過程中他的團隊也很辛苦，他想包個紅包給自己的團隊。我回應：當然好啊，自己的團隊當然要好好照顧。」

然後老婆轉身問後座的兒子：「你猜猜看，你老爸想包多少錢給自己的三人團隊？」

兒子說：「應該會有幾萬元吧？」

老婆不以為然地說：「是３－０－０－０元。」

然後老婆劈哩啪啦跟兒子說了一堆，重點摘要就是：居然包這麼少，那乾脆就不要包，如果我是你的員工，我一定不會真心跟你這種摳門的主管（眼神中散發著麵包的屑屑）！

因為這不是激勵，根本就是反激勵！

兒子幫腔說：「對啊，真的好小氣。」

我沉穩地回答：「這就是為什麼大陸作家韓寒有句名言，『讀了這麼多書，依然過不好這一生』。」

他們異口同聲說：「幹嘛突然接了這句話，怪怪的！」

我回：「我這輩子打算翻轉我們家族連續幾代貧困的宿命，從大學開始，爸爸發現做生意最容易跳脫貧困的困境，所以有意識地去研究商業相關知識，只

31

要跟商業有關的任何主題我都刻意學習。從大學起，我就一直讀經濟、工商日報與各種財經雜誌，因為爸爸在畢業時就決定，要自己創建一家百億元以上的上市公司。

「我認真打拚才做到不錯的成績，拿了一筆意外的獎金。爸爸也知道一定要照顧好自己的團隊，才有自己的班底可以打江山。

「但是，**當你把錢放進口袋後，要拿出來分享真的超級困難啊。**

「拿自己的獎金分給工作夥伴真的超級難，注意唷：爸爸不是真正付薪水給他們的老闆唷，我只是公司託我管理他們的小主管啊，爸爸也是領薪水的那個人啊。所以我才會說：讀了這麼多書，依然過不好這一生。」

老婆又在旁邊魔音穿腦：「是不是？你老爸讀書真是愈讀愈沒氣度！」

身為專業商務人士的男人，我們不會與女人正面衝突！

話鋒一轉，我問哥哥：「你知道我後來發了多少錢出去嗎？用百分比來猜就可以了。」

哥哥回：「10%。」

我回：「20%！不過正確%數我也忘了（老婆說好像是30～40%），這應該也是破紀錄了。職場上應該很少有非老闆的主管會拿出自己的20%個人獎金，再發給自己的部屬，而且爸爸和媽媽那時候的經濟狀況還不是很理想啊。」

接著我說：「你看，成功的男人背後一定有一個偉大的女人，就像你老媽一樣（後面一句是虛構

的），以後找老婆要找這種的唷。」

兒子使出慣用技倆：傻笑不語。這招真好用。

自 2002 年後，我被老婆打開了金錢的魔咒，心胸大了一點。後來自己創業多次，當了小公司的老闆，我們給員工的薪水都比同業多很多，加薪通常都是五千、一萬為單位，同事的年薪破百萬也是輕而易舉。給學員的教具投入，都是破天荒的高；爸爸很有紀念

性質的數萬元真皮包包，送給了值得傳承的學員；爸爸收藏的四朵美國隊長香菇（巨型靈芝），也送了和我們沒有關係但值得幫助的學員或友人；免費幫朋友的商務上大小事，都不收錢……這一切的一切，在外人看起來都是呆呆笨笨的，或是以為我們沽名釣譽。

其實，爸爸和媽媽只是看破了金錢的魔咒。錢，只是工具，一種可能可以創造幸福的工具，是用來讓

自己與身邊一起打拚夥伴能過上更好生活的工具。

我口中很認真地說了自己在商業傳記中學到的智慧：**財聚人散，財散人聚**。

我講了這麼大段有智慧的文句，於是從照後鏡注視著哥哥的眼睛，很好奇地想看看，哥哥是否從中體悟出什麼人生大道理？

結果是……

財聚人散，財散人聚

哥哥的眼神中充滿著睡意 XD ！

我接著說：「因為這些看起來很笨的散財行為，你猜爸爸這十多年來發生了什麼事？」

哥哥回：「不知道。」

於是我列了幾個意外的驚喜：

● 多了很多不貪錢、值得信任的好兄弟，這群人能陪你一起走過人生高低潮，無價！

● 多了一組天塌下來都會跟著你打江山的兩岸三地團隊，無價！
● 多了一堆學員好朋友，能隨時幫你一把、介紹更多牛人一起合作，無價！
● 多了很多原本想都想不到的北京機會、新加坡機會、美國機會與各國機會，無價！
● 多了很多上市櫃老闆學員的邀請，邀請爸爸當他們

家的董事或獨立監察人，無價！被信任，很爽！

所以爸爸才說：財聚人散，財散人聚。

就跟媽媽說的一樣：讀書要讀出自己的氣度，不要愈讀愈小心眼，愈讀愈困在歷史事件的觀點（就像台灣藍綠困局一樣）。

　　遊樂園行程幾天後，晚間與兒子在河堤散步，聊著聊著又回到上面的話題。

　　當天我和哥哥說：「**能力決定你的生存，視野與氣度決定你的高度。**」

　　哥哥說：「聽不太懂！」

　　我說：「如果你的人生不想做什麼大事也行，爸媽都會尊重你。但你一定要學會一項技能，非你不可

的技能，這技能可以讓你日後有機會生存下去的能力。另一方面，如果你日後想做些自己夢想的大事，那麼現在就要練習視野與氣度，不要發生爸爸之前的３－０－０－０元獎金事件。」

　　我也順便唸哥哥一下，要他對自己的妹妹好一點，這是做兄長的氣度啊，哈哈哈。

　　風大了，準備回家的散步途中，我又向哥哥提了

一個有趣的報導：全球各國億萬元樂透的得獎者，依據國外調查統計，大約有七成破產，又回到一無所有的階段。我問哥哥知不知道為什麼呢？

哥哥回：「因為他們亂花錢！」

我說：「不是！是因為視野與氣度！」

哥哥說：「老爸你是不是亂扯啊？」

我回：「如果現在天上突然下了十噸黃金雨，只

要接得起來都是你的。

如果你是一只鋼杯，你就擁有鋼杯大小的財富；

如果你是一個臉盆，你就擁有臉盆大小的財富；

如果你是一個水桶？你是一條河？你是一片海？

你的財富等級將完全不一樣。所以，你的視野與氣度決定你的高度。

然後要學爸爸一樣，**不要貪心的想拿走桌上的每**

一分錢，因為世上的錢是永遠賺不完的，留一點給別人吧，財散人聚！

等你想賺錢，再回來問我，我教你頂級正派的銷售技巧。不過，我現在不想教你，你還天天的。

哥哥又是一副萬用招數：傻笑不語。

快到家時，哥哥說：「爸爸如果我真的中了1億元，我會拿3000萬元先去定存（保本），再拿7000萬

去創業或投資或做些公益……你覺得怎麼樣？」

我回：「風大了，回家吧，別做夢了。」

人生的可控
與不可控

不可控的因素，要練習用美麗的心情接受它

做自己可控的部份，把自己變強

厲害的人都是一直默默做事

　　哥哥成長過程中，有時會為了某些事情抱怨我們沒有提醒他，或是因為某個原因造成表現失常等……類似的事情，我們自己年紀小的時候也不斷發生。我們苦口婆心引導，但不知什麼原因，哥哥還是無法學會我們想分享給他的經驗。

　　我猜可能他內心會覺得：這是別人的問題、這是環境的問題。

　　為了協助他解決「找藉口」這個所有人成長過程中都會面臨的壞習慣，於是在2016年暑假期間，我們請身邊的幾位好友幫忙安排哥哥最喜歡的活動：腳踏車製造廠的參訪活動。

　　等一切都安排好，某天晚上，在晚餐時我們夫妻倆問哥哥：要不要和爸爸一起去台中看看腳踏車的製造過程？來回400公里左右，我們父子倆要不要挑戰

看看，一路騎腳踏車下去？

哥哥興奮地接受了。呵呵呵，果然「投其所好」是最好的溝通方法之一。

幾天後，父子倆帶著輕裝出發。我們選的路線是山線，從中和往三峽與石門水庫方向，先到新竹再轉進海線前進台中。一路上有很多大上坡，對當時尚未有長途騎程經驗的哥哥而言是一種耐力考驗，不過我

覺得年輕人應該沒有問題。

出發後，哥哥一開始還會說說笑笑，後來就變成苦瓜臉，接著整路抱怨：「為什麼路這麼陡？」、「為什麼當初造路的時候不弄平一點？」

我說：「這不是我能控制的，繼續騎。而且你換個角度想想看，我們現在去台中，爬坡爬得很辛苦，等後天回程的時候，就會變成下坡，然後我們就會滑

得很快樂唷。」

　　哥哥點頭示意了解，但低著頭，帶著不美麗的心情慢慢往上騎。

　　沒多久，哥哥說：「為什麼太陽這麼大？一直流汗怎麼騎？」

　　我說：「請繼續騎，因為太陽不是我能控制的。」

　　騎著騎著，哥哥又說：「風這麼大，一直逆風怎

麼騎？」

　　我說：「請繼續騎，因為風向也不是我管的。」

　　大約一個多小時後，哥哥說：「好累啊，騎不動了。」

　　我說：「好，那我們休息！休息這件事我們能控制，你想休息，我們就休息，沒有關係。」

　　到了台中後，隔天由友人領著哥哥，一起拜訪了

台中幾家知名的腳踏車元件廠。當天的哥哥就像個海綿寶寶一樣，整天都帶著笑容和興奮的心情，不斷詢問各種問題，想向專家前輩們了解更多的腳踏車各式零件製造 know-how。

感恩好友 Calvin 與鐘老闆的熱情安排，特地花了一整天陪我們父子倆；感恩車架大廠野寶的李總經理與葉經理當天的熱情招待，以及自創品牌 XERO 鑫元

鴻的游董事長父女親自接待這次的工廠參觀行程。

這次參訪行程，讓兒子親眼看到了這幾家公司 20 多年來持續專注本業，不斷自我要求精進，最後成為行業中的隱形冠軍。

活動結束後，我和兒子說：「你看，如果要變強必須一步一步來，並且持續精進才能達到別人到不了的高度與境界。**成功沒有捷徑，都是點滴持續的努**

力。如果你想在一個領域變強,那就學學這些前輩的作法唷。」

兒子只用「嗯嗯」回應我,一副很心急想回酒店休息的語氣。年輕人總是覺得老人家愛碎唸,呵呵呵。

經過一晚休息,終於要起程回家。來的時候遇到很多逆風,父子倆很得意地討論著,待會回程的一路上應該都是順風了,YA!

結果幸運的我們,居然又遇到風砂四起的逆風天。一路從台中騎到新竹這一百多公里行程,哥哥開始有點受不了,整個人呈現半放棄狀態。

好不容易堅持了8個小時抵達新竹,我找了間不錯的餐廳讓哥哥好好補一補,也開啟了父子倆的飯桌對話。

我問:「這趟旅程你學到什麼?」

　　兒子回：「那些厲害的人好像都是一直默默地在做事，做著做著就會變強。我以後也想變強。」

　　我回：「很棒啊。爸爸真是替你高興。還有嗎？」

　　兒子：「對了，爸爸你以後可不可以不要安排這種難騎的路線？」

　　我回：「怎麼又怪到我的頭上了啊……你有沒有發現，其實不管做什麼事都有兩種因素影響著我們，

一個是『可控』的、另一個是『不可控』的。

　　「例如：第一天你一路上一直唸的上坡路、大太陽、瞬間的大風，還有今天的逆風和風砂弄得我們眼睛很不舒服……這些都是不可控的。

　　「因為它是無法改變的，不可控的，我們唸它再多次也無法改變現況。那就要試著接受它唷，而且要練習用美麗的心情去接受它，然後就可以放下這些不

可控了。」

兒子問：「什麼意思？我不是很明白。」

我回：「你有沒有發現，我們來的時候有一段公墓旁的大上坡，又長又陡，當時我們倆感覺不知道要騎多久才能騎上去，對嗎？後來我們選擇一口氣、一口氣慢慢換，把變速調輕，然後低著頭一步一步往上踩，結果還是騎到山頂了，有沒有？現在回想起來，

當時我們感覺很難搞定的大上坡也還好，只要花點時間，一樣搞得定，對嗎？」

哥哥回：「嗯嗯嗯。」

我接著說：「人生中有很多不可控因素，要試著接受它的不完美，你才能放下心魔往前走。例如爸爸出身在貧窮的家族中，你有看過我在你面前抱怨這件事嗎？」

哥哥回：「沒有。」

這是因為爸爸我抱怨也沒有用，它是不可控的。所以我只專注我能控制的因素：一步一腳印把自己變強變厲害。經過 20 多年的努力，現在任何事情交給爸爸，我們團隊一出手，最少都能有業界平均以上的水準，就是這個道理。我們全力以赴，**先控制可控的部份，不可控的部份就隨緣**，或等自己實力更強大時再

去改變它。不要被不可控的因素困住你。

爸爸真心希望你學會這二個觀念：

1. 暫時不要花時間抱怨不可控的事情，試著先接受它。

2. 先做自己可控的部份，把自己變強。變強後，就會有影響力，有了影響力，我們再去改變之前的那些「不可控」問題。

　　將來，你出社會後，會遇到很多不友善的同事、偏心的老闆、冷漠的公司文化或制度……不一而足的大小問題，這些都是不可控。然後試著在這些不完美的環境下，用心打造出自己很強的可控能力——你的專業能力、對人應對進退能力、團隊合作能力、資源整合能力……等。在一家公司，至少要工作二年才離開，因為這代表你扛得住這些亂七八糟的不可控，以

後的格局會大一點。

　　哥哥回：「好的，我知道了。對了，那能不能在大公司裡面裝呆就好？」

　　我用白話文解釋哥哥這句話：管他可控不可控，我把自己弄得呆呆的，然後安全地在公司裡面存活，不就得了？

　　我回：「不行啊，這是在擺爛，根本培養不出

『你想變強』的能力。不過你想這樣過一生也可以，反正那是你的人生。我教你的，你自己看看要不要拿出來用，it's up to you。」

　　然後我切換到英文頻道，順便讓哥哥練一下英文……

有目標意識地
活出希望的自己

\# 瞄準月亮,至少可以射中老鷹

\# 目標意識就是方向意識,藏在你心中的人生方向

\# 目標意識帶給你的專注力量

這幾年，我們家到了年底都會聊聊家中未來想發展的方向，聊著聊著就聊到大學畢業後這20多年來，同學們的發展狀況。大學畢業後，我們家應該是參加所有同學婚宴場次最多場的一組同學，只要我們人在台灣，而且時間允許，基本上通通都會參加，印象中至少參加了20幾場；全系的同學聯絡電話，老婆都會協助更新通訊錄資料，呵呵呵。

有一天，老婆對兒子說：「其實爸爸媽媽當年在大學同學之中，不是特別聰明的那種，家族中也沒有什麼資源，做人也不是那麼八面玲瓏，更沒有人教我們後來在職場發展非常有助益的商業思維與見識。加上這些年，爸爸為了圓夢出去創業多次，燒掉很多錢，欠供應商不少貨款，也造成家中出現多年財務危機，後來再次打拚。20多年過去，結果發現，我們家

的發展意外的還可以。」

我接著問哥哥：「你在我們身邊十多年，看著家中的發展，你覺得可能是什麼原因？」

哥哥回應：「我猜應該是人脈，因為爸爸有很多很厲害又很富有的人脈圈。」

我回：「應該不是。因為人脈只是幫助我們更成功的因素。每個人職場的第一次成功，很少是透過人

脈的，應該是先透過『已經變強的自己』。

「因為，如果我們自己不夠強、我們的風評或信用不好，再多的人脈都派不上用場。這些高手這麼聰明，他們通常不會出手幫助一些黑心無道德或是沒有信用的朋友，因為這些高手每次出手相助，都是在消耗自己多年建立的信用。就像爸爸媽媽常常很熱情幫忙朋友或是學生，但如果這個人風評或信用很差，又

來向我們求救，由於不忍心，我們還是會出手，但爸爸就不敢介紹真正的好資源給他，我的幫忙只會點到為止。因為過多的幫忙，反而會因為對方的無信用與濫用你的人脈資源，最後傷到自己。」

我順便機會教育哥哥。「互相幫助是人生中很好的美德，但要**行有餘力再出手幫助別人**。人品太差的人，我們出手協助只能點到為止。」

哥哥回：「嗯，我知道了。」

我再問：「你覺得爸爸媽媽和一般朋友發展最大的差異，可能在那裡？」

哥哥回：「能力？」

我回：「好像也不是。我跟媽媽多次聊天後，我們發現自己與身邊朋友最大的差異在於：目標意識。**這種目標意識不是那種你要賺多少錢的目標，而是隱**

隱約約的方向感。這種『目標意識』的方向感，最後帶我們走到現在我們所在的人生階段。

「例如你媽媽的目標意識和自我紀律超級強啊。大學期間，媽媽為了確保出社會時能有一筆緊急預備金，這樣以後就可以不再依賴家人或朋友，她四年期間靠著每月省吃儉用，大學打工的微薄薪資也按比例存款，畢業時，你媽媽居然存了 10 多萬元。

「例如你爸爸為了想成為一個成功的企業家（我只有一個很明確的方向感，具體怎麼做我也不知道），連續研究了 20 年以上的各式商業知識，在大公司上班期間自己又花了很多錢，到處聽名人名師演講或去上一些專業課程。為了透徹了解財經知識，爸爸也連續研究了 25 年以上，到現在雖然沒有成為成功的企業家，至少變成了一個能在沒資源的情況下，空手

打下江山存活的創業家。某種程度上來講，就像憲哥阿北說的：瞄準月亮，至少射中老鷹。這是一樣的邏輯。」

我問哥哥：「為了我自己的目標意識，我需要大量閱讀，但你有看到爸爸有時間讀書嗎？」

哥哥回：「沒有，因為爸爸超級忙，連吃飯都很快。」

我回：「嗯嗯，爸爸不會因為忙，就給自己找藉口，因為目標是自己給的，別人幫不上忙。如果我自己都不願意為我自己的目標全力以赴，誰會幫我們全力以赴？」

此時我心裡的自high OS是：這位老爸怎麼感覺有點智慧啊！

「為了自己的人生目標，爸爸確實時間不太夠

用，所以只能善用零碎的時間讀書來增進自己的商業思維，例如在上廁所時爭取 10 分鐘、等車時 5 分鐘、等飛機時 50 分鐘、等朋友時 10 分鐘、接你下課時 5 分鐘……慢慢積累，一年還是可以擠出時間，讀完幾十本書。」

我回頭問哥哥：「你平常有那麼明確的目標意識去做一件事嗎？」

哥哥又是一臉傻笑帶過。

我說：「有啊，你在研究腳踏車時，可以一坐就好幾小時不起來，這就是因為**目標意識帶給你的專注力量**。所以，記得要用研究腳踏車的精神來讀書啊。」

兒子回：「嗯嗯。」

我又說：「再來，你看爸爸的好友福哥阿北。他的目標是想成為最厲害的簡報教練，後來就做到了。

但是你知道福哥阿北第一份工作是做什麼的嗎？」

哥哥回：「聽你講過，好像是工地監工？」

我回：「對啊。你看，只要你的目標意識明確，不論出身，只要follow那個方向感（目標意識），走著走著就走到你想要的位置了。還有葉丙成老師，對教育充滿熱情與動力，過程中也遇到很多困難，因為明確的目標意識（方向感），讓他撐過來了，後來

他們團隊研發的PaGamO海外得獎連連，成為翻轉教育的領頭人物一樣。」

我問：「哥哥，那你人生有什麼目標嗎？」

哥哥答：「我想找一份安穩的工作，然後可以好好騎車。這樣工作與興趣就能完美結合！」

我回：「哇……好吧好吧。」

我問：「哥哥，那你現在知道『目標』與『目標

意識』的差異嗎？」

哥哥回的很果斷：「不知道！」

我告訴他——

「目標」就是你已經很明確的知道要去做什麼事，例如：三年內考上國立大學。

「目標意識」就是你只是大約知道你想要去的方向，但又不是那麼明確，例如爸爸當年有目標意識的

想成為企業家，至於要做些什麼事業，當時的我不是很清楚，但這個目標意識，在人生過程中指導著我前進的方向，走著走著就帶我到現在的位置。

簡單地講，**目標意識就是方向意識**，在你人生迷惘時，會帶著你找出藏在你內心深處的方向感。

你在成長的過程中，如果找到自己想發展的方向，那就代表你有了自己人生的「目標意識」。然後

在追求過程中，一定會有大大小小不同的困難，記得好好守護著它，只要方向沒有偏離太多，一步一腳印，最後它（目標意識）會帶你去你想要的地方，剩下的就只是時間快慢的問題了。

哥哥只回：「嗯嗯嗯。」他一副不是很清楚的樣子。

我回：「吃飯吧。剛才有人說話嗎？」

吼！我前面都白講了。

＊＋＊＋＊＋

前一陣子剛好看到李開復先生寫了一篇有關年度目標的文章，文中提到：哈佛大學有個著名的「目標對人生影響」的長期追蹤調查，對象是一群智力、能

力與學歷及家世背景環境等條件都差不多的年輕人，其中：27％的人沒有目標；60％的人目標模糊；10％的人有清晰但比較短期的目標；3％的人有清晰且長期的目標。哈佛大學經過25年的長期追蹤研究顯示，25年前的這群年輕人，後來的發展很有意思。

● **27％沒有目標的人群**：絕大多數比例剛好幾乎都生活在社會的最底層，工作狀況不穩定或是失業，抱

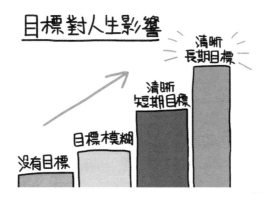

怨連篇是他們的生活常態。

● **60％目標模糊的人群**：幾乎都生活在社會中下層，過著安穩的生活。

● **10％有清晰短期目標的人群**：現在大都生活在社會的中上層，他們不斷達成短期目標，生活狀態穩步上升，如醫生、律師、工程師等。

● **3％有清晰長期目標的人群**：這些人25年來幾乎不

曾改過自己的人生目標，他們幾乎都成了社會各界的成功人士，如白手起家的老闆、行業精英等。

這篇觀察報告指出：**目標對人生有巨大的導向性作用。**

你選取什麼樣的目標、制定什麼樣的計劃，就會有什麼樣的成就，有什麼樣的人生。李開復先生也指出：設定一個好的目標，是人生一次心靈的旅行。

我們會出現在什麼地方其實不是偶然，而是我們內心的願望帶我們走到那些地方的。

所以，無論是工作、家庭、事業，如果缺少目標又沒有計劃，你就容易缺少前進的動力。沒有了目標，就像在茫茫大海中失去了方向，沒有方向，你怎麼努力都可能只是原地打轉。所以不是你不能成功，而是你可能缺乏目標幫你守住你原本想去的地方。

暖男與宅男，
要當哪一個？

當宅男不如當暖男
在宅男主導的世界裡，是暖男更吃香
當一個能看出市場需求的產品經理

前一陣子我在研究一些資料，讀著讀著兩、三個小時就過去了。抬頭時，才發現在我身旁的哥哥也靜靜地玩了好幾小時的手機。

我說：「休息了，不要再玩了唷。」

哥哥回：「再等一下，我快破關了。」

我回：「破關後，請立馬放下手機。」

過了五分鐘，哥哥才心不甘情不願地收起手機。

我說：「不要急著玩手機啊，生活上有很多可以玩或體驗的新東西，不要只玩手機。而且等你到職場工作後，電腦與手機可以用到飽沒人管你，然後主管的Line/FB/IG……等各式通訊軟體的工作指示，會讓你回不完。你看爸爸的手機，還有二萬多封email回不完呢！另外等你們長大後，搞不好科技發達，那個時候的手機或電腦已經可以植入在你的手掌、臉部、眼

球或其他的身體裡面了，到時候你想休息都休息不了。

「不要一直玩手機，玩到後面變宅男。」

哥哥回：「宅男有什麼不好？而且現在的宅男形象還不錯，代表技術很厲害唷。」

我回：**「當宅男，不如當暖男啊！」**

哥哥問：「為什麼？」

我回：「因為等你們這一代當家作主時，編程設

計能力、人工智慧、機器人、3D/4D/5D列印、萬物連網可能都只是一片蛋糕了（a piece of cake）。也許只要對機器說幾句話，程式就完成了、東西就運來了、產品就印製出來了⋯⋯技術變得隨手可得，而且未來的世界應該都會超出爸爸這一代的想像。但不管世界如何變化，有三種能力或職業會一直存在，我希望你有長期努力的心理準備。」

一直有需求的能力①：能看出市場需求的產品能力

會做產品的人不重要，能看出市場需求又能做出產品的人才重要。就像你們幾個同學去了好幾次台北的國際腳踏車大展，看了那麼多新產品的發表，結果一整天只買了一個小工具。為什麼？因為很多產品只是很炫、只強調差異化；展場上發表的新品，並沒有

碰觸到你們想要的key points（痛點、爽點、癢點、差異點、盲點……）。這種對市場需求的手感很重要，這也是爸爸想把我的銷售技能傳給你的主因。一旦你能看出市場或客戶需求，你大約就可以感覺得出來一家公司有沒有機會，市場需不需要這項產品；換句話說，你不知不覺中就有了很不錯的銷售能力。

還記得爸爸有一次跟你分享：我有一個學生，他

在 20 多歲時剛好遇到金融海嘯危機，別人都在抱怨整個經濟大勢不好，沒有出人頭地的機會了，他卻反向操作，大膽地借了一筆錢買下一塊地，在大學對面建了七層樓的學生宿舍，30 歲就財富自由了。這個大哥哥前一陣子過來上爸爸的數字力課程，他超級厲害，因為他看到不管景氣好壞，國立學校宿舍一直不足，學生都有住宿的剛性需求，他們幾個年輕人就一起想

辦法去借了一大筆錢，把自己觀察到的市場需求產品（學生套房宿舍）做出來。這種能力，不管在現在還是科技化的未來都會一直很熱門，永遠不會消失唷。

一直有需求的能力②：資源整合能力

　　未來的公司可能愈來愈小化且愈來愈國際化，那時候應該都是小部隊戰鬥的團隊，每家小公司幾個人

就能搞出一項特別專長，這些專長都能讓這些小公司在特定的市場存活下來。就像巴菲特的公司這麼會賺錢，核心的團隊只有10多位；像你也認識的Xdite阿姨，她個人學習能力與創業打市場的速度超級快，核心團隊也是20人上下。

這種小團隊的組織靈活，能夠快速適應環境的變化。你不要小看只有20人的團隊，為什麼他們會這麼

強？就是因為他們有超級的資源整合能力，指到那兒就能打到那兒。具備這種能力的人，不管未來市場如何變化，這群人肯定能活得好好的。

一直有需求的能力③：團隊協作能力

最後一種一直很稀缺的能力是團隊協作能力，因為未來的商業模式可能會變成「小＋小＝新的大」。

　　一個有專長的小團隊就能存活得好好的，兩個不同領域的小團隊相加，可能就變成另外一個新的虛擬大團隊。即使未來不是「小＋小＝新的大」，但是科技與商業模式的變化速度更快，影響力也更大，這時候能夠跨區域、跨團隊或跨部門協作的人，將會成為很吃香的人才唷。

　　我問哥哥：「你想想，到時候你工作的週邊都是

很牛逼的各式技術人員（宅男），你覺得宅男與宅男會不會更容易互看不順眼，或是更會私下競爭？」

　　哥哥回：「應該會。」

　　我問：「那在宅男主導的世界裡，是『宅男』比較吃香（在很小眾但具有很強的專業科技人才）？還是具有溝通能力的『暖男』比較吃香（能協調各種宅男高手互相合作的暖男）？」

哥哥回：「應該是『暖男』。」

我說：「哥哥你有沒有發現，其實爸爸訓練你當『暖男』已經很多年了唷。」

哥哥回：「真的嗎？什麼時候？」

我回：「從你開始會說話時，爸爸媽媽是不是就引導你遇到同學要主動打招呼？碰見長輩要主動問好？即使見到大樓的打掃阿姨，或是我們給資源回收

的拾荒阿婆，我們也要你主動問好？因為職業沒有分貴賤，大家都是為了生活才去做自己能力所及的工作。還有，我們每天出門或晚上開車回家，你和大樓管理員打招呼時，你都會做什麼動作？」

哥哥回：「就是要將車窗搖下來，然後和他們打招呼啊。」

我繼續說：「你有沒有發現，幾年前你都覺得爸

爸怪怪的，一直問為什麼要這樣做？現在你卻無意識地就會做出這些動作。無意識的動作就代表真誠，就容易讓人有暖男的印象。而且你還有一個超級大優點：你看起來傻呼呼的！」

哥哥問：「看起來傻呼呼的，怎麼可能是優點？」

我回：「我和媽媽看起來都很聰明的感覺（但也沒那麼聰明），但這25年來的工作經驗發現，別人都

會特別防範聰明的人，即使我們沒有絲毫攻擊性也一樣。我覺得你這樣笑起來傻呼呼的很好啊，因為第一眼或第一次相處時，比較不會被別人孤立，這樣外表傻呼呼的你就能相對容易打進新環境裡唷。」

哥哥回：「哦？這樣也算優點啊？」

我回：「對啊。去年爸爸在北京上課時，有位很年輕的創業家，上課當天特別送我一本她出的書，她

叫陳慧敏姐姐。我問她創業是做什麼項目的？她說是互聯網的分享學習社群（BetterMe社群），我本來猜她應該頂多十幾人的團隊，沒想到一問之下，那位姐姐有200多人的團隊，會員人數接近500萬人。」

我接著追問：「妳這麼年輕，怎麼那麼厲害啊？她回答：沒有啦，老師，就是因為我看起來比較內向，加上我的協作整合能力比較好，大家都覺得我沒

有攻擊性，所以願意配合我，然後我們做著做著就做到現在的規模了。她真是一位非常謙虛的創業家姐姐。

「還有爸爸新竹的好朋友Tracy阿姨也是一樣，她們團隊走到哪都受歡迎！你知道為什麼嗎？就是在各種服務的細節裡非常用心與暖心，而且協作能力超級強大。」

我問哥哥：「將來的你，如果二選一，暖男與宅

男。你會選那一個？」

哥哥回：「欸…….我還是會選『自行車男』。」

哇咧……教小朋友真是很累啊。這位爸爸，你累了嗎？！

▼

試過
500 次以上，
才有資格說放棄

精通一項技能通常要連過三關
表層、裡層、核心層
刻意練習法

　　我們家通常不管小朋友的課業，我們只要求他們的功課能保持在平均水平即可，因為我們不想為了多那20分，讓小朋友花全部的年少時間在學習google就找得到的基礎知識。但我們很重視一些**與世界接軌的能力**，例如：**做人做事與應對進退禮儀、挫折容忍度、問題解決能力、基本的英文表達能力**……等。

　　之前我也寫過一篇文章〈兒子，你「不能考第一

名」！〉，* 表達我們家不重視成績的個人看法，文章被三立新聞網與其他媒體分享，接著不少網民罵我是天龍國思維。網民不曉得我過去的成長經歷：清寒家庭，15歲變壞向地下錢莊借錢，躲在賭場一年，然後奮力讀書，大學以全系前幾名畢業；搞財務、破產、

---

* 該文〈林明樟：兒子，你「不能考第一名」！〉，可參考此處：
　https://www.setn.com/News.aspx?NewsID=46901

轉業務、創業、失敗,再回到大公司上班、創業、
再創業。當時我給酸民的留言通通按讚,然後一句話
也沒回,因為我的人生我自己負責,只要行得正、心
存正念不害人,我們是不需要向那些酸民回報或回應
的,呵呵呵。

　　前一陣子哥哥學校期中考,結果英文這科的成績
退步很多。

　　我說:「哥哥,你有沒有發現,爸爸媽媽應該是
你們同學裡面很開明的那種父母,基本上完全不過問
你的成績。我只會說,有問題來問爸爸,爸爸在學習
方面有點厲害,知道很多有效的學習方法,而且也跟
寫程式的神人 Xdite 偷偷學了很多招啥。但我不會主
動教你,只有你開口時我才會教你(刻意讓兒子練習
Call High,向外求援的能力,這項能力日後在職場上

也非常重要）。結果你上國中之後，到現在高中，這幾年你有開口求救嗎？」

哥哥回：「沒有。」

我回：「對啊，一次都沒有。你知道爸爸在我專業領域的地位嗎？一堆人想向爸爸學習，或是來應徵工作，但爸爸都沒有接受，因為時間實在不夠用。你天天在爸爸身邊，都不會想運用我的強項，有點可惜

啊。不過我不想勉強你，反正等你開口，我再出手幫助你。爸爸只想讓你知道，爸爸和媽媽一直都在這裡支持你，你有問題一定要適時 Call High，要不然我們不知道你的狀況，就不會出手相助。不出手是因為不想干涉你個人的發展，你這麼大了，一定有自己的想法，我們尊重你。但不能擺爛喔！知道嗎？」

哥哥回：「我沒有擺爛啊，我有認真學，只是考

不好嘛！」

我回：「我了解。但是，沒有試過（練過）500 次以上，都不算認真學啊。」

哥哥回：「怎麼可能有機會練 500 次？！」

我回：「爸爸年輕時，因為沒錢了，被迫去做業務，因為只有當業務才有比較多的錢來解決爸爸當時的財務問題。為了賺更多的錢，我選擇了海外業務。」

哥哥回：「這個我知道，你有說過。」他一副某位老人說過又忘了還再說一次的表情。

我回：「但你知道爸爸之前的英文很爛嗎？因為以前愛打架，休學後回到高中我才決定要認真讀書，但我前面十多年沒有基礎，讀起書來真的很難啊。這就是為什麼爸爸一直要求你至少要保持在平均的水平，因為日後你自己想要深造，才有基礎接上去。但

你還是不能考前三名，因為容易變書呆子，我不想你變成那個樣子。重新回到學校後，為了讀好英文，一般人都是讀KK／DJ音標，爸爸讀的是MJ音標！」

哥哥回：「哪有什麼MJ音標？！」

我回：「有啊，就是我愛發什麼音就發什麼音標，所以叫MJ音標。為了記下多音節的英文單字，爸爸會用台語、客家話、笑話甚至是低俗的話言來記單

字，只要能記住就好。果然我一路從新竹中學讀到大學畢業，覺得這方法超級有用。

「後來決定當海外業務，我才發現：客戶發的音標與我的MJ音標不同，所以談生意時只要講到多音節單字，我就完全聽不懂了。為了改善這個問題（沒改善我就死定了，因為可能無法再當海外業務），你猜爸爸做了什麼事？」

哥哥回：「就好好練習發音啊。」

基本上是對的，但我做了兩件事：

1. 我花了幾千元買下當時很貴的錄音筆，偷偷把客戶跟我說的話通通錄起來，重複聽很多次才聽懂。這個方法現在違法唷，不能學！

2. 接著我告訴自己，我英文不好、發音的音標也不對，傳統的學習方法根本來不及應付每天的海外業

務溝通。所以我要求自己，每天找出兩句談生意常用的句子，騎機車上下班時一路唸上 500 遍，用最笨的方法把句子印在腦海中。去程一句話唸了 500 遍，回程又一句話唸上 500 遍，一天兩句話，一年下來就有 700 多句話。用這 700 多句英文與客戶聊完後，生意也談完了。

例如：我今天想記下「這是你第一次來台灣

嗎？」，因為和客戶碰面時最常說這句話。我就會
在騎機車時一直唸、一直唸，Is this your first time to
Taiwan？我一直唸、一直唸，等紅燈時也在唸，旁邊
的騎士都覺得我是神經病。然後我看著他，又唸了一
次：Is this your first time to Taiwan？然後我油門一催就
走了。我相信剛才那個人一定在偷笑我，不過沒有關
係，我不認識他，他也沒記下我帥氣的臉。

去公司40分鐘的車程，我應該唸超過1000次
了。我到現在還記得這句話。

回程時，可能又練習了 Your wished price is out of
my authority. But I will double-check for you. Tell me,
why this price？然後一直唸、一直唸，超過1000次就
記起來了。

我說：「兒子啊，我對你很好。我只要你唸500

次啊！」

哥哥回：「不會吧，500次？我唸5次就夠了。老爸你要多學習啊XD！」

我回：「唸500次是有道理的啊，因為這就是**成為達人的刻意練習法**。」

想精通一項技能，通常要連過三關：

● 第一關是**表層**：第一次大家都是一張白紙，都會害

怕，一般人最多練了十次以內學不會就放棄了。厲害的人會再試一試，然後進入下一關。

● 第二關是**裡層**：做著做著，可能超過100次以後，就會發出「哦」、「原來是這樣啊」的感悟，代表你已經把前人走的路徑與方法學會了。但這只能達到80分的水平，要成為精通一項技能的達人，就要再往下走。

● 第三關是**核心層**：這個時候的你，就能站在前人經驗的肩膀上，不斷創新做出自己的特色，淬鍊出更好、更有效的方法，然後成為一項領域的達人。

　　哥哥回：「哦，我知道了，但很麻煩欸。」

　　我回：「就是因為很麻煩，所以一般人最多只能走到第二層。不過，那還是要看你自己想不想變強？想不想成為有一技之長的達人，走到第三關的核心

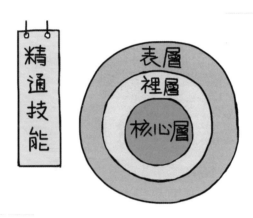

層？還是一句老話：你的人生，你做主！爸爸只教你方法，用不用你自己決定唷。」

　　看看爸爸身邊的朋友，例如：

　　憲哥阿北為什麼口語表達那麼強？為什麼他錄影都是一鏡到底，沒有NG過？因為他故意不拿薪水，去電台免費當主持人，刻意練習了超過500次以上。

　　福哥uncle為什麼在簡報這一項技能超越別人那麼

多,他只要看一下你的簡報,然後花十分鐘教你,你就能進入完全不同的等級?因為他用宅男精神練了超過1萬次。

Xdite姐姐(彩蛋:上一篇Xdite是阿姨身份,這一篇變年輕了,化身姐姐)為了學會一種程式語言,她會一直寫、一直寫、一直寫程式,寫到都不用睡覺,寫到用直覺就能寫出來她才停止,這就是為什麼

她能成就今天在軟體領域的高度。

楊斯棓醫師為了電力無核化的理念,賣了自己的一間房當做經費,在台灣及美加香港地區自費進行200多場的演講,後來就變成觀點非常犀利、論述非常到位的表達高手。

「所以啊,爸爸才說,試過500次以上,才有資格說放棄。」

哥哥回：「我知道了啦。」

我回：「那還不去拿英文課本，去補上499次。」

哥哥默默的拿著書本進到書房……呵呵呵。

您試過500次以上了嗎？如果還沒，別輕言放棄！

您試過500次以上了嗎？如果還沒，別輕言放棄！

用長期與機率的眼光做重大決定

抵債拿房子比拿現金好
選這條路的成功機率有多少

　　因為參加三鐵比賽需要定期訓練，於是和兒子相約每週至少兩次到河堤跑步5公里做自主訓練。

　　帶著兒子去參加三鐵，其實是做老爸的私心：我們刻意帶哥哥去比賽、去吃苦，故意讓他自己獨處長達4小時的高壓限時賽程，因為比賽時考驗的是一個人的耐力與抗壓力。

　　過程中，你會一直不自主地碎唸（自我對話）：

　　我快不行了！我快不行了！快死掉了！

　　我要休息！我要休息！好累啊！

　　好，我再撐200公尺！

　　再跑一下再休息！

　　XD！那個這麼壯的老北北居然比我快，不行不行，我要再撐一下！

　　好累唷，幹嘛來參加這種比賽！

好想上廁所唷，可是比賽的褲子不好脫啊！

再撐一下子！再撐一下！**你行的！**

靠！我以後不想再參加這種鳥賽事了！

以上對白都是中年大叔的自言自語⋯⋯

結果我們父子倆連續參加了好幾年，呵呵呵。

有一晚的自主訓練，父子聊著聊著，聊到他爺爺的過去經歷。

我說：「爺爺他們那一輩，每個家庭的兄弟姐妹都很多，經濟狀況都不好，大家生活苦，多數人沒有機會也沒有錢去讀書。但當時國家正在體質重整，經濟起飛，只要肯拚肯努力，爺爺那一輩還是有很多出人頭地的機會。

「例如爺爺和奶奶因為沒有一技之長、加上只有小學的學歷，一開始只能在工地打工，從一天只有幾

十元的工地小工做起，邊做邊學，幾年後跟對師父，就變成厲害的泥作工。爸爸小時候在工地幫爺爺奶奶的時候，就看到很多其他師傅過來看爺爺的手藝與比較特殊的施工方式，因為當時的爺爺泥作品質比別人好，速度又比別人快上 1.5～2 倍唷。」

哥哥回：「哇，沒想到爺爺之前在自己的領域也很厲害。」

我回：「嗯嗯。但是，後來就變樣了。」

哥哥問：「發生了什麼事嗎？」

我回：「因為爺爺在工地結拜的幾位兄弟，後來發現包工程賺比較快，只幫別人打工賺錢太慢，所以慢慢轉去包工程。爺爺寫得一手好字，又看得懂工程圖，所以大都由他去主談生意，然後再由其他結拜兄弟去找不同專長的工人來一起施工。果然透過大家的

努力，一起接到了第一個案子，一年後賺了點錢。然後，他們幾個就去包了一個更大金額的案子，做著做著，沒想到房子快蓋好時，建商卻因資金週轉不靈，倒閉了。爺爺他們因為包工程，所以欠很多師傅工人的工資還沒有付……

「那個年代的建商大都算是有情有義氣的一批生意人，建商對爺爺說：我公司現金週轉不靈，現金不

夠，沒辦法付給你們工程款，那這樣好了，我就以市價用房子抵債，結清欠你的工程款，怎麼樣？」

我問哥哥：「如果是你，你會怎麼做？拿房子還是拿現金？」

哥哥回：「我會拿現金，逼建商拿現金還我們的工程款。要是他不還，我就去告他。」

我回：「哥哥啊，你好像也沒睡飽啊。怎麼你的

選擇與當年的爺爺很像？**如果是我，我會先拿回房子！**」

哥哥回：「可是對方欠我們現金啊！而且房子拿回來了，萬一賣不出去怎麼辦？我們還是沒有現金可以付工人師傅的薪水啊！」

我回：「你這樣想是對的，但不夠務實！將來如果你遇到人生重大決定，記得要用**長期與機率的眼光**

做重大決定！」

哥哥問：「我聽不太懂？」

我回：「你想想看幾個可能的情境……就會明白了。」

● **情境一**：我們堅持拿現金，可是建商就已經週轉不靈了，你覺得拿到的機率可能是多少？哥哥回：「我猜10％！」

● **情境二**：拿不到錢去告建商，堅持告到底，然後我們花了好幾年，拿到法院的勝訴裁決，這時候的建商應該已經倒閉了。你覺得我們拿到這張裁決書去找建商要錢，拿到現金的機率可能是多少？

哥哥回：「應該是0％，因為對方已經倒閉了啊，根本不會有錢可還……哦！我剛才好像不應該選拿現金這條路，因為達成的機率太小，居然只有0％～

10％！」

● **情境三**：先拿房子，到時候賣掉換現金。如果賣不掉，用市價的8折或9折應該賣得掉，哥哥你覺得能換成現金去付給工人師傅薪水的機率有多少？

哥哥回：「90％，甚至100％。要看後來房子賣出的價格。」

我回：「嗯嗯嗯！你怎麼突然又有數字的天份

啊，呵呵呵。當年爺爺就是太執著於情境一與情境二，結果什麼都沒有。他堅持的是0％～10％的機率！真是可惜啊，要不然他們的人生將有很大不同啊。

「那一次跌倒，也讓他們變得膽小，不敢再做更大的夢想，然後一天過一天，花了很長很長時間，才處理完當時的工資欠款問題。後來的後來，我們家族發生的事情你也知道了。自己親人發生的真實故事，

就是在教我們：將來如果你遇到人生重大決定，記得要用長期與機率的眼光做重大決定唷！知道嗎，哥哥？」

哥哥回：「我知道了。要用機率的眼光來做重大決定。」

我說：「你看看爸爸在講師領域的幾次方向調整，也是這個道理！一出道時什麼課都上，後來有點

實力後，爸爸就主推B2B銷售課程，因為當時線上的講師很少有人像爸爸這樣，具備紮實打過數百億營收的實戰與創業經驗。而且我的教學技巧很活、很江湖，面對武藝高強的上市公司業務主管或同仁，爸爸也能從容應對。你覺得當時我選這條路的成功機率有多少？」

哥哥回：「90％。」

我回：「沒那麼自high啦，我給自己80％。後來真的就在那個領域做的不錯。

「幾年後，爸爸又認識了很厲害的福哥uncle（在上一篇他是福哥阿北），他教的簡報技巧與教學的技術，都超厲害。接著又認識周碩倫Adam阿北，他教的創意與創新課程也很厲害，Adam阿北為了學會創新的核心知識，已經在這個領域深耕了十多年，為了

更接地氣,他又將全球迪士尼樂園全部都去了一次,直接到第一線去學習,然後又上完了哈佛、史丹佛、迪士尼學院與IDEO等名校或有名機構所開設的創新領域課程。

「當時我也有教B2B銷售簡報,同時也教上市公司主管的創新課程。後來我們幾個成為好朋友,爸爸是重義氣的人,你知道我當時和他們說什麼嗎?」

哥哥回:「我怎麼知道!(他的OS:我又不是你肚子裡的蟲蟲)」

我回:「爸爸當場和他們說,因為大家都是好兄弟,簡報與創新這二門課,我以後都不教了。而且我一諾千金,真的就把簡報與創新課程全部推掉了!」

哥哥回:「不是吧!?我猜是你和他們兩位阿北PK,你贏的機率只有不到50%吧!」

我說：「噓！你怎麼知道！這個才是真正的原因！這是我們兩人的祕密，不能說出去！

「後來爸爸又把 B2B 系列課程給關掉了，轉到財務報表分析，教不懂財報的小白變成財報高手。因為我自己長達 20 年以上的研究，加上獨特活用式教學手法與慘烈的創業與銷售經驗，讓這堂課程在市場上有90％以上的成功率，幾年後就是你現在週末偶爾會去

幫忙打工賺零用錢的超級數字力課程。」

就像 2000 年某一個早上，亞馬遜（Amazon）的老闆貝佐斯（Jeff Bezos）打電話給巴菲特（Warren Buffett）一樣。

貝佐斯在電話中說：「老巴老巴，你的投資原則這麼清楚這麼具體又可操作，為什麼世上的投資者只有你很有錢，其他投資者都沒有致富？」

老巴回：「我確實把方法都分享出去了，但是很少人照著去做……因為沒有人願意慢慢變富有！」

所以啊，哥哥，以後如果你要做重大的人生決策，請你用長期與機率的眼光來決定，你就會慢慢的走到你想走的位置了！

就是因為沒有，你才會動腦筋去創造所有

#同理心與商業敏感度
#沒有資源要怎麼無中生有
#靠商業天份＆靠毅力

　　接兒子下課時，有時兒子一上車就睡翻天。副駕駛座上沒人可聊天，我就聽有聲書，有次聽到一家知名公司如何「從無到有」的成功故事。我喃喃自語：「如果是我，在它成立初期時的幾個重大轉折關鍵時刻，我會不會一樣做出這麼果斷的決定？」

　　我正在利用自問自答的方式提升自我的商業敏銳度時，兒子早已醒了好一會兒，然後突然說了一句：

「它的成功是因為有錢又有關係。」

　　我回：「你怎麼知道？這家公司確實很有錢！但一開始他們幾個人創業時，身上只有10萬元不到，基本上是『從無到有』一路拚搏才有今天的成就。有錢是後來的事唷，不能倒果為因啊。」

　　哥哥回：「嗯。」

　　我說：「這個很像真實的人生，大部份的人像爸

爸媽媽一樣沒有家世背景，我們都是一無所有，然後自己創造出目前的所有唷。」

我又順便機會教育一下哥哥。

「另外，人生不能只有非黑即白，或是有錢就成功、沒錢就失敗這麼機械化的視角。這世上有很多無法解釋的事情，你看地球 70 多億人口、擁有這麼多科學家，我們對宇宙好幾百年的所有研究積累，也只能

解釋宇宙不到千分之一。

「你要慢慢開始體會這世界是彩色、黑白與灰色三重空間所組成的唷。盡量**不要有太多『非黑即白』的思想**，它容易讓你變得簡單、粗暴或盲從，那是爸爸 30 歲前，不懂世事的二分法思維。

「將來的你，應該用最大的氣度去包容身邊各種的『不一樣』，不論它是彩色、黑白或灰色。然後你

會意外地發現，因為你對灰色事件的接受度愈來愈高，不知不覺中你對身邊發生的事情就愈敏感愈好奇，進而自我提問為何最後會演變成這麼多灰色的空間或行為，有那些無法直覺解釋的各種行為。未來，如果你想往商業領域發展，這就會變成你的一個很重要的天份：**商業敏感度**。即使你不想往商業發展，你也會比別人更具備同理心，然後不知不覺中你就會變

成一個有溫度的科技男，一個可能在未來冰冷科技社會受到歡迎的暖男，呵呵呵。」

兒子問：「嗯，我知道了！不過老爸，我覺得你前面說的『從無到有』這件事，會不會都是因為運氣好啊？要不然，當我們手上沒有資源時，怎麼可能無中生有？又不是變魔術！」

我回：「好問題！就是因為沒有，你才會動腦筋

去創造所有。其實全世界的商業世界到處充滿資金與技術，整個新創行業最缺的是『沒有錢又肯承擔風險出來創業的人』，我們稱為『創業家精神』：即使最後可能一無所有，但仍願意為了理想、夢想或財富全力一搏的人。

「一般人想創業只想去創投圈（天使、種子、創投、私募……）弄一筆錢，自己能不出錢最好。因為

錢都是別人出的，所以容易隨便花用，這樣的創業團隊反而最後的成功機率不會比較高。」

兒子追問：「老爸你說了那麼多，感覺很理論，我還是不相信。身上沒錢沒資源，我能無中生有？！」

我回：「有啊，當然有。無中生有，以爸爸有限的經驗，我覺得可以分成二種。」

第一種無中生有：有商業天份的無中生有

這種無中生有，靠的是創業家對市場的敏感度或對趨勢的掌握度。

例如 Xdite 姐姐離開台灣，隻身前往北京發展時，身上其實沒有多少錢。在北京她就是有商業敏感度，掌握到整個中國在瘋迷寫程式和元知識學習這二個風口，創造了第一桶金。接著她又跟上了當時的區

塊鍊的趨勢，創造了第二桶金；然後是第三桶、第四桶金……現在的她，可以自由嘗試自己想做的事情。你看，這是不是無中生有？

例如爸爸在北京的一位學生，25 歲的王哥哥，寧波人，大學畢業後不想進入大企業工作，想自己出來闖闖，然後先回老家。經過幾個月後，某一次機緣下大學同學聚會，大家聊到一線城市的外賣 APP 很火

熱，聚會結束後，他立馬查詢了一下，發現美團（外賣APP）也剛到寧波發展，當時的他手上只有2萬人民幣！我問哥哥：「你猜他做了什麼事？」

哥哥回：「他應該會去那邊先打工，再看看有沒有機會。」

我回：「那位王哥哥是直接到辦事處找上那家公司的承辦人，詢問是否能參加他們的外賣機車供應商

的行列。對方說：需要這個條件、那個條件，還有這幾個條件。王哥哥回應：你說的條件我都不符合，但我大學剛畢業，幹勁十足，手上還有一些錢（其實只有2萬元），能立馬組建專門為美團服務的車隊，如果你缺車隊找我就對了。結果對方試用了他，一年內他成為一家擁有300人團隊的公司創辦人。」

剛才那兩個，就是有商業天份的無中生有。

第二種無中生有：膽子大、靠毅力打出來的無中生有

另一種是爸爸的這一種，膽子很大靠毅力打出來的無中生有。

從網站創業、監控設備的PVR創業，到教育訓練、又搞美妝平台，錢燒光了又回到教育訓練，然後做了超級數字力，後來變成了能連結16個國家、我準

備要傳承出去的教育小事業。這靠的就是膽大與毅力來無中生有。

你還記得爸爸第一次創業帶的團隊成員，胖胖又一直微笑的Gary叔叔嗎？他也是只帶了十萬元加上一台電腦，在中國賣自己設計的燈，後來發展成十多億元的大生意。爸爸前幾年還特別去看了他，他也是那種有天份而且膽子很大，靠毅力打出來的無中生有。

　　還有你認識的琦恩叔叔，一開始也只是跟著他爸爸做著海底的海事工程，有一次差點沒命了。離開海底幾年後，他再次回到熱愛的海洋世界，做著做著，靠著毅力與對海的夢想，成就了全台灣最大的潛水事業體「台灣潛水」。全球只有 60 個 PADI 白金課程總監，他們公司就包含了二個；前幾年琦恩叔叔也是卡西歐潛水錶的台灣代言人，今年又成為亞洲第一間

「B 型企業」的潛水教育中心，還有很多很多正在發展的故事……

　　所以啊，兒子，將來不管你想去什麼領域發展，請記住：人的一生都是無中生有，創造你想要的東

西。一樣的道理可以運用在任何事業上，無中生有。

不要因為沒有，天天抱怨，最後就真的可能一無
所有。

等我們擁有了，代表整個社會給了我們很多東
西，行有餘力要記得幫助別人，適時的回饋，整個社
會就會一起變好。

自己富有了，也要讓團隊與身邊的合作的夥伴一

起富有。

錢要花在刀口上

那什麼是刀口
一樣的錢花在不同地方有不同的效用
為了目標可以暫時犧牲眼前的物質慾望

今年的耶誕節我和老婆討論後，覺得小朋友的物質生活已經很好了，所以我們決定今年不送他們任何的耶誕禮物。

做這項決定心裡其實很掙扎，因為哥哥常常負責幫忙收家中的文件與包裹工作，知道我們家每年捐了不少錢給十幾家弱勢團體，還有超過百萬以上的錢是無息借款給只有一兩面之緣的數字力學員……

我跟哥哥說：「不是爸爸對你們不好，而是那些學生剛好面臨到人生的關卡，少了這10萬、20萬，他們的家有可能馬上就被法拍，他們租的房子有可能被收回然後無家可歸。他們家中發生變故，急需這筆錢；他們向身邊的朋友求救，卻沒有人願意借錢給他們。他們都拿掉面子來找我借錢了，如果爸爸沒有借他們，他們可能會走投無路。爸爸當年也受過朋友們

的幫忙，所以將心比心，就借給他們了，我也不知道他們日後有沒有能力還我。」

不過後來我發現越借越多，就請公司的團隊做了一個總量管制，所以沒事不要再來找我借錢啊（本篇文章的重點），哈哈哈，不然最後搞到我要跟大家一起跑路。

三十多歲的時候我看到一篇報導：台南一位非常

有愛心的棒球教練，將自己一輩子的週末時間都花在學校小朋友的棒球教育上，18 年期間沒有好好陪過自己的兒子，好不容易等到兒子 18 歲了，送了他一台摩托車當生日紀念，結果當天兒子就出車禍死亡了。這則新聞一直在我的腦海裡烙印了 10 多年……

所以從那個時候起，我就告訴自己：MJ 你不是咖，千萬不要想當聖人，不要想出手救所有的人！先

照顧好自己的家人才是男人！我開始知道**行善的前題**
是：行有餘力再幫助別人。

沒有給自己的小朋友耶誕禮物，這件事一直在我
心上很糾結，所以耶誕節的晚上即使下著毛毛細雨，
我還是拉著兒子到河堤散步聊天。

走著走著，我劈頭直接問兒子：「今年爸爸媽媽
沒給你耶誕節禮物，你會恨我們嗎？」

兒子說：「不會啊，因為我知道爸爸媽媽在做善
事，而且我們家的玩具好像也太多了，少一點也好，
這樣子物慾會低一點，對我們的未來發展會好一點。
而且，那些錢借給他們，可能救了一家人；那些錢給
我用來升級腳踏車設備，只是讓我看起來更像一個職
業自行車手而已。」

我走在漆黑的河堤上偷偷流下眼淚，心想：兒子

真的長大了，而且很有智慧啊！

我回：「Willie 你真是太棒了。你的想法很正確。錢的效用，用在他們身上可能是生與死的問題。錢的效用，花在你的禮物上面是滿足度的問題。爸爸真的以你為榮啊！」

我又問：「你平常的零用金夠用嗎？」

哥哥回：「夠用。」

我說：「媽媽現在一週給你多少零用錢？」

他回：「一週 1000 元。」

我說：「扣掉基本開銷後，能存錢嗎？」

哥哥說：「可以啊，1000 元我要扣除一週五天的三餐費用（早餐的餐費＋學校中餐自己付費＋晚餐的餐費），外加一週我可能要買上一兩瓶飲料，這樣一週大約可以存 100～200 元。另外，因為零食很貴，我

都是從家裡帶出去，這樣子又可以省下不少錢。」

我聽了，眼淚又流下來。沒想到哥哥可以這麼刻苦地運用自己有限的資源。

我心裡OS：兒子啊，爸媽真的沒有白教你這十多年，你真是太棒了。

我問：「那你想更新腳踏車設備的錢存好了嗎？」我想贊助哥哥，減少一些我的愧疚感。

哥哥回：「我可以慢慢存，三個月就可以存到了。所以不用爸爸給我額外的錢啦。」

因為每個自行車零件，都要花上哥哥三到六個月的時間才能存到錢買回來，他對自行車非常愛惜，只要車子有淋到雨，回家後都是大拆大保養。

我回：「哥哥你真是愈來愈像大人了。」然後抱了他一下，繼續兩個男人的雨中散步。

　　沒想到經過我們夫妻倆長時期的耳提面命（中翻中：碎碎唸），哥哥已經能夠：

● 控制自己的物慾。一般人的不幸福感，多數來自於不當的物慾追求。

● 知道一樣的錢花在不同地方有不同的效用。錢要花在刀口上，刀口就是效用高的地方。

● 學會了行善過程中的大氣度風格。

● 為了目標可以暫時犧牲眼前的一些物質慾望。

不要只會接球
卻忘了傳球

借力使力用巧勁
不用自己蠻幹到底
越級別學習，把被拒絕視為常態

　　哥哥跟妹妹的年紀相差六歲，從小到大妹妹唯一的玩伴就是哥哥。可能是因為從小就超齡跟比他大六歲的人學習，所以妹妹從小反應就快，根本就是古靈精怪。

　　兩個人有時為了一件事鬥嘴，妹妹常有很靈光的一句話，讓哥哥來不及回應或是受不了，最後演變成兄妹間的辯論賽。為了她的一句話，哥哥會花5～10

分鐘來來回回激辯她的不是……這個情節上映了無數次，我和老婆多次引導，卻一直找不到有效的方法排除這種兄妹間的辯論賽。

　　有次父子運動時，我和哥哥說：「你有沒有發現，妹妹的反應很快，而且常常回嘴到你不知所措？」

　　哥哥說：「她那是詭辯啊！而且一堆歪理，OOXX……」

我說：「在她那個年齡，以她有限的知識那樣無厘頭的回應很正常啊。不過我想和你分享的重點不是這個啦！我要說的是：為什麼妹妹反應與學習的速度這麼快？」

哥哥不耐煩地回應：「不知道。」

我回：「那是因為她長年都是和你玩在一起，天南地北聊天。二個不同量級的選手一起學習，最後輕

量級的選手通常進步最快。一樣的道理，妹妹是輕量級、你是重量級，所以她在你身上學習了很多技巧，常常會有靈光乍現的一句話 KO 你。

「所以，爸爸建議你如果日後**想要快速成長，最好的方式就是越級別學習**，用更高量級的選手訓練方式來培養自己的能力。就像去年爸爸送你去跟 Tracy 阿姨的團隊一起學習「拍出影響力」，或是到憲福育

創去學習網路行銷課程，還有媽媽也常帶著你和妹妹去向名人學習，例如憲哥、福哥、嚴長壽先生、黑幼龍先生、戴勝益先生、程天縱老師的活動等等。

「爸爸自己也常常越級別去學習，例如剛工作時，和爸爸同期進去的同事，都只是在公司向前輩免費學習。爸爸想進步更快一點，於是把賺來的薪水拿出50％，一直在外面付費學習；這樣的情況長達了很

多年，不知不覺中功力與視野就提昇了。後來我又遇到很多高手，最近幾年爸爸就向城邦出版社的何社長請益，或是向爸爸公司的上市櫃客戶的老闆們請益學習。這樣的學習方式能讓我們成長最快。

「但記得：這些高手沒有義務花時間指導我們，所以不要天天的，以為開口就會得到幫助。你要**把被拒絕視為常態**，如果別人出手協助你，你要當成是

對方的慈悲之舉，這樣的心態才對唷。被拒絕沒有關係，持續嘗試或是把自己變強，或是更有溫度、更有禮貌地虛心求教等等等，總有一天，這些高手就會伸出溫暖的雙手指導你一次。

「日後真的因為這些高手的指導，讓你的人生大不同，記得要『還願』唷，親自向這前輩說聲謝謝，或是送一些有意義的禮物感恩他們。這樣就形成一個

良善又正面的循環，人生真的就可能大大不同了。」

哥哥回：「我知道了。」

接著我把話題轉到兄妹倆的鬥嘴事件，然後問哥哥：「為什麼有時候妹妹的一句話，你要用十分鐘、幾十句話來回應她呢？你有沒有發現這樣子好累啊？」

哥哥說：「可是妹妹有時候是在亂說話，我當然要制止她。她一回嘴，我自然要加碼啊……」

我回：「哥哥，你知道爸爸以前在大學是打橄欖球的嗎？我打的是跑鋒，就是負責要出去搶球的那個人。以前爸爸常常撿到球之後，就一路往前跑，前方一定有三到五個對手阻擋我帶球前進。我們在打橄欖球的時候，不是只有意思意思身體碰撞一下而已，橄欖球都是要用擒抱或是強拉的方式把對方撲倒在地上，才能有效阻止對方（跟真實的社會很接近）。可

自己蠻幹＝容易錯失機會

能是因為緊張，有時候爸爸拿到球，旁邊有很多學長一直叫我傳球，我卻忘了傳球。所以比賽結束之後，有時候會被高年級的學長直接拿球往我頭上丟，然後罵我：**你的旁邊這麼多人，你為什麼不傳球，錯失一次好機會？為什麼要自己蠻幹到底？**

「哥哥你有沒有發現，其實人生，有時就像打橄欖球，不要只會接球卻忘了傳球。」

哥哥回：「什麼意思？我不太懂。」

我回：「妹妹的一句話，就像一顆橢圓的橄欖球，你常常都是硬接下來，忘了傳球。」

哥哥問：「什麼是硬接下來？」

我回：「你們兄妹之間的對話，有時候根本沒那麼多意義，只是聊天過程中的一句俏皮話，你卻很認真的一句話一句話硬接下來，忘了傳球。其實有時

學習如何傳球

候，用一個傻笑就可以把那句話或某件事給帶過，這就是一種傳球。

「以前爸爸剛回到大企業才三個月，和一位研發副總討論專案，那位副總說這不可能、那不可能，反正都是不可能啦。爸爸是在外面創業自己燒錢多年才回到大企業，覺得上市公司怎麼會有這麼官僚氣的人員！於是……我當場就拍桌說『你不想幹就不要

幹』，然後氣呼呼地離開會議室。離開後，我才驚覺對方的官比我大多了，應該是他要對我說『不想幹就不要幹』，而不是由爸爸說。呵呵呵。

「後來你就猜得出，他不會給我資源支持我的客戶了。如果時間倒轉，我不會拍桌，我會說：報告副總，站在您的部門立場，臨時再多接一個案子，我能夠理解會非常困難。但客戶特別要求我們公司派出最

屬害的團隊來操作這個大案子，所以我才厚著臉皮過來找您幫忙。我真心希望您能夠支持一下。如果還是有困難，那我請我們的老闆邀您吃個飯，您們兩位高手再商量看看，是否有機會請您撥出一點資源來支持我們。

「你看，我年輕時，只會一股腦的接球硬幹把事情搞定；卻不會借力使力的傳球，運用巧勁把事情做

好。如果以後妹妹太過無厘頭，你應該怎麼辦？」

哥哥回：「我知道了，我不會硬接球，我會試著傳球。」

我問：「怎麼傳球？」

哥哥回：「就是傻笑啊！」

我回：「不是啦 XD！不是只有傻笑這個方法吧！你可以把球傳給我們讓我們來判斷誰不合理，然後還

你們雙方一個公道；或是找有力的第三方幫你們協調事情……這都是傳球的技巧。

哥哥回：「我知道了啦！」

理工男的哥哥都是直線條在處理事情，我希望他學會傳球的技巧，知道可以借力使力，運用巧勁讓事情進展的更順暢。

不貪心的
幸運人生

\# 金錢價值觀帶來的好運
\# 不貪錢的傻勁打造幸運人生
\# 吸引到跟你同類型價值觀的人

這一晚父子倆到樓下進行間歇式自主訓練，急跑急停以增加三鐵比賽所需的心肺能力，然後喘呼呼地走在河堤旁。我心裡想著，已經和哥哥分享多次不同的人生與商業思維，是時候和哥哥談談最俗氣的觀念了：金錢觀。

我問哥哥：「你覺得爸爸和媽媽經過20多年的打拚，過的好不好？」

哥哥回：「之前好像沒有很好，但是不曉得為什麼，後來好像越來越好了？」

我說：「你怎麼發現的？」

哥哥回：「因為爸爸媽媽幫助別人的次數好像愈來愈多，你們連幾十年沒有連絡的大學同學都借錢給他們了。（哥哥知道我們曾經走投無路，向大學同學借錢卻沒人願意借給我們的故事，所以他覺得：為什

麼要借錢給大學同學呢？）如果家中經濟狀況不好，你們這樣幫忙下去，我猜我和妹妹應該就要喝西北風了。」

我回：「嗯嗯。我和媽媽自己也發現了。爸爸一開始以為是我的銷售能力創造出來的財富，後來才發現，是自己的**金錢價值觀帶來的好運**。」

哥哥問：「什麼樣的金錢價值觀會帶來好運？」

這時，難得哥哥眼中充滿積極的學習目光……

我回：「爸爸一直相信，世上的錢實在太多了，怎麼賺都賺不完。不過前提是你要好好認真學會爸爸將來要教你的銷售能力唷！

「因為爸爸打從心裡相信錢永遠賺不完，所以爸爸媽媽對錢看得很開，錢來就來，不來也沒有關係。**我們寧可少拿一點，也不要拿走牌桌上的每一塊錢。**

結果留下來給對方的錢，居然變成錢母，又帶給爸爸很多很多的錢。」

哥哥問：「怎麼可能這麼神奇？留下的錢，不就給對方帶走了，怎麼可能又幫你帶錢過來呢？」

我回：「這是真的。因為**你的金錢價值觀就像一個人生大磁鐵，會不斷的吸引跟你同類型的人過來協助你**。將來你的人生或是你在商業上的價值觀，也會

對你日後的財富影響相當大唷。以後有機會，我們父子倆再來聊聊其他價值觀的事情。今天爸爸想聊聊錢的價值觀。

「還記得之前和你分享過的，如果天上突然下起黃金雨的故事嗎？（你是鋼杯？臉盆？河川？還是大海？）」

哥哥回：「嗯嗯，我記得。你是鋼杯就只能接起

鋼杯大小的財富，你是臉盆就能接起臉盆大小的財富。」

我回：「對對對。其實工作一開始，我和媽媽對人就很大方，常常吃飯買單，也常常禮尚往來送人禮物，持續了十多年，花了非常非常多的錢在朋友身上。其實過程中爸爸是有一點灰心，因為好像有很高的比率都是碰到不太好的人。

「那個時候，媽媽就會對爸爸說：沒關係啊，你對人好，是因為當時你真的覺得對方好。如果後來對方是虛情假意也沒有關係，我們只是少了一個『原本以為』可以共度人生旅程的好朋友，不過至少我們問心無愧，對吧？」

哥哥聽了說：「哇……原來媽媽這麼有智慧啊。」

我回：「嗯嗯。而且是很有智慧的女 Tiger 唷……哈哈哈。」

於是爸爸持續做著自己認為對的事：不貪別人的錢、永遠讓對方多賺一點、別拿走桌上每一塊錢、凡事留一線日後好相見……這些其實都是爸爸相信「世上的錢超級多，想賺就能賺到，而且永遠賺不完」的觀念下的衍生物。做著做著，我也沒有特別期待將來

會有多好的運氣發生，只是順著自己的價值觀走下去，但奇妙的事情發生了……

例如，以前爸爸創業 AZBOX 破產時，自己將所有對外債務數千萬元一人扛下，正常情況下是依照持股比例一起承擔所有對外債務的。但爸爸為了感謝當初這些股東相信我，所以不想讓投資我的人再扛下這些債務，我就一個人通通吃下來了。

　　兩年後我將破產公司賣給日本人，賣的錢又通通按比例分給兩年前的股東。其實根本就不用再給這些股東，爸爸只是想讓當年投資我虧錢的人少虧一點；之後連續幾年，每年過年我都找了不同的名目又送了幾筆錢給不同的股東。

　　八年後，爸爸意外成為一家上櫃公司的獨立董事，因為當年的一個供應商朋友覺得商場上怎麼還有

這麼誠信的人，所以他們公司申請上櫃時，特地來台北找爸爸，邀請我入股公司，當他們的獨立董事。

　　你看！這是不是因為爸爸的金錢觀帶來的好運氣？

　　還有一次，因為某些因素，爸爸答應免費幫 Xdite 姐姐進行一對一的培訓師特訓（簡稱 TTT，Train the Trainer），因為我不想教了，她又是一個天

才，所以我想把我的東西傳給她。結果Xdite姐姐一上課時，就拿了一大包的紅包給我。

兒子馬上打斷我追問：「有多少？3萬？5萬？」

我回：「應該不是50萬就是100萬。」

但爸爸一毛錢都沒拿，直接退給Xdite，因為當初爸爸是答應免費幫她上課的。結果我就因此和大陸市場結緣，在Xdite引見下，爸爸與中國比特幣首富

李笑來成了生意往來的朋友。

接著，和比特幣首富談合作時，談好的XY分潤方式，爸爸比較多，對方比較少。我就跟李笑來先生說：沒關係，錢永遠都賺不完，將來合作機會多的是，我看一人一半好了。爸爸多給他們團隊的部份，可以買下男人夢想的任何一台車唷。

然後爸爸也莫名奇妙多了很多大陸的投資機會，

而且都是很正派的學員主動找爸爸投資的。你看：是不是又是因為爸爸的價值觀，最後無心插柳帶來了好運氣。一樣的情況也發生在台灣的學員身上，爸爸在台灣也多了很多不可思議的投資機會，例如有好幾家上市公司老闆找爸爸合資新項目……不過爸爸的錢不太夠。

然後，為了讓學員好好學會財報，在北京爸爸

私下拿了一筆不小數目的錢給學生，對那個學生說：我相信你，你就去做吧，所有的錢我來出，但你要省著用。做成我們一人一半，沒做成，所有損失都算我的。幾年後，不小心就變成一家北京軟體公司，爸爸將來有可能因為這家公司就提前退休了，哈哈哈。

還有和新竹的 Tracy 阿姨合作也是一樣，有時她急著服務客戶，沒有特別估算成本，結果有些案子沒

賺到錢。我說沒有關係，妳虧的，我們一人一半，因為爸爸後來為了讓學生學會某項技能，加了太多太多的教具費用，Tracy阿姨沒有一點抱怨，大家只想把專案做到完美，所以最後可能沒有賺到什麼錢。在台灣應該也沒有講師會把講師費拿出來貼給管顧公司的，爸爸卻做了很多次；也很少有管顧公司有像Tracy阿姨一樣的工作態度，不管成本只想把事情做到完美。

所以我們後來成為可以一起做大事的好朋友。

還有出版社朋友之前說剛好缺一個大金額的年度銷售目標，爸爸請團隊放下手上的工作，幫忙他們達標，然後我們就變成超級好朋友。過了一段時間後，沒想到輪到爸爸在大陸出版過程中遇到不少問題，她們第一時間就幫爸爸的團隊全部搞定，你看這是不是又是價值觀帶來的好運氣。

　　還有裝潢的時候，爸爸媽媽貼錢給設計師的事、我們換屋的事、我們賣屋的事……還有你之前知道的其他故事。

　　這一切的一切，不是為了沽名釣譽，只是爸爸媽媽選擇做自己，Follow自己的價值觀，然後好運就一個一個過來了。所以啊，兒子，你要學著用**不貪錢的傻勁打造自己的幸運人生**唷。

　　不過過程中，會出現很多壞人或是不對的人，以後爸爸再教你如何分辨人生或商場中的好人與壞人。遇到好人就代表我們運氣好；遇到不好的人也沒關係，本來就會有一定數量要出現壞人，如果沒有壞人的壞，我們可能也看不出好人的好。

　　就像我們打牌的時候，不可能AKQJ這16張好牌都在我們手上，我們手上分到的牌一定會有3456這種

小牌。

要記住，你的金錢價值觀就像一個大磁鐵，會不斷的吸引跟你同類型的人過來協助你。你看爸爸身邊有哪些和爸爸一樣金錢價值觀的人？

哥哥回：「如果爸爸再次跌倒，一定會出手出錢協助你的廖叔叔、光龍叔叔、福哥uncle、Tracy阿姨、Xdite姐姐、小甜姐姐……應該還有很多很多

人。」

我回：「嗯嗯。不過等一下……你剛才前面說的怪怪的?! 再跌倒?! 爸爸現在愈來愈保守，也很低調，不再出現在公開場合了，大部份時間都在潛水、騎腳踏車、玩三鐵，絕對不會再次發生大頭症跌倒的事故了啊！你這個臭小子，別跑！」

父子倆你追我跑，繼續未完的三鐵自主訓練。

避免職場上
的白目行為

\# 己所不欲，勿施於人
\# 珍惜公司的每一塊錢與客戶交付你的每一塊錢
\# TEAM = Together Everyone Achieves More

　　前一陣子兄妹在鬥嘴，哥哥被我們念了幾句，沒想到妹妹在旁邊跟著一直數落著哥哥的不是，隨即被我制止。

　　隔天，等兄妹兩情緒平復後，我很慎重地告訴他們：「以後千萬不要這麼白目，尤其當一個人在盛怒的時候，千萬不要在旁邊添油加醋，這種白目行為在職場上是很傷自己的啊。」

不該加油添醋

　　然後在一次家庭旅遊中，我特別在車上和小朋友聊了職場常見的白目事件，希望從小就讓他們有這種敏感度，以後可以最大限度避免自己做出這些不合宜的行為。

　　因為之前當業務的關係，與客戶合作的案子動輒數億到數十億，所以我們常常有機會進出非常高級的場所點餐招待客戶。

　　我問哥哥：「如果餐廳有四種高級料理套餐可以選，身為業務的你會選哪一種？2680元、4680元、6680元與8680元？」

　　哥哥回：「我應該會選2680或4680這一種。」

　　我回：「很棒！沒錯，應該要選比較便宜或中間價位的那種。平常就要有一個非常好的習慣：要把公司的錢當作自己的錢，小心的花用，因為我們的所作

所為老闆都看在眼裡。」

　　在職場上，會看到很多人沒有這種 sense：公司的設備隨意放置忘了收起來；價值數百萬的設備一直開機忘了關；投影機隨意開關燒壞燈泡很多次……

　　接著，我順便教哥哥業務的用餐商業禮儀。

　　實務上不是每一回都要到這種高級餐廳用餐，應該要先看我們與客戶訂單的大小。如果客戶的訂單

只有幾百萬，我們的毛利率又很低，雙方的人數相加常常超過五、六人，到這種餐廳用餐事實上是不合宜的。金額比較小的訂單，應該站在公司的立場、去一客500到1000元的餐廳就非常合宜又不失禮。

再來就是點餐前，先等老闆或是客戶點完後，再點自己的餐點；如果老闆或客戶點的是比較低價位的餐，我們就不應該點比老闆更高價位的唷。我常常

遇到豬頭的業務，難得到這種高級餐廳，居然自己很high的就點了最貴的那種套餐。我猜他們的心裡想的是：哇噻！難得來這種餐廳，又是公司出錢，不點白不點！

爸爸也曾經遇到不少業務，訂單金額只有幾百萬，一餐下來居然點了好幾瓶幾萬塊的酒、一整桌台灣首富等級的餐宴，或是餐後去KTV唱歌續攤兩、三

次，這就是業務的白目。

遇上會做出這種事情的人，一定要盡量跟他保持距離，因為在爸爸的有限經驗中，後來這種人都變得非常市儈，為了小小的利益會與團隊勾心鬥角。在價值觀偏頗的情況下，遇到利誘時容易把持不住捅出大樓子，最後被公司開除。

哥哥如果你將來出社會，一定要**珍惜公司的每一**

COMPANY　　CLIENT
珍惜公司與客戶交付你的
每一塊錢

塊錢與客戶交付你的每一塊錢，把它用到極致，而不是利用公事之便，順便撈油水。這種小錢只會讓自己的格調與眼界愈變愈低，這樣搞，將來是不會變得很有錢的。爸爸希望你以後不要去拿這種錢，或是這種自創的偏門福利啊，君子取財有道，有些錢要忍住不要碰唷！

如果以後你真想賺大錢，回來找爸爸，我來教你

一些不錯的國際銷售技巧。但如果你沒有開口問，爸爸是不會教你的喔！

哥哥回：「嗯，我知道了。」

我問哥哥：「你覺得還有哪些白目的情況，在職場很不受歡迎？」

哥哥回：「像妹妹那樣愛告狀。」

妹妹在車上秒回：「我哪有啊！」

我回：「沒錯！這種愛告狀真的不好，妹妹年紀還小，我們會慢慢引導她。」妹妹在一旁嘟著嘴巴。

我繼續說：「在職場上這種愛告狀的人非常不受歡迎，不過每個人在成長的過程中，多多少少都會有這種行為。但一定要記得，**如果你很討厭某個行為，自己也千萬不要做出那種行為喔！**只要保持這種信念，己所不欲，勿施於人，將來的你們就不會做出這

些事情了。

「如果真的看到一些不理想的地方,可以在沒有人的情況下,很禮貌地小聲告訴當事人你的想法與建議就好。但不能把自己當聖人或當警察杯杯,不要期待每個人聽到你的建議就會改變,知道嗎?而且我們自己也不是每一件事都很專精,不要天天的想改變每個人。」

兄妹難得合聲回應:「知道了。」

我接著分享說:「職場還有一種很特別的人,看到公司或團隊有很多問題,平常都不願意說,開會時也不提出來,等事情真的發生時,才在旁邊幸災樂禍地附和說:你看吧!我就知道,我早就知道會發生這種事!

「這種人,你也要保持警覺,將來你有機會帶團

隊，絕對不能讓團隊有這種人存在，因為團隊的存在就是解決問題，不是來旁觀看戲的。」

哥哥問：「我怎麼知道他們是哪種人？」

我回：「我也不知道！但是只要時間一拉長，真的假不了、假的真不了，你只要在旁邊靜靜的觀察一段時間，就會知道每個人的人品與人格了。

「將來每個人都有機會成為某個團隊的領導人，

不管是有職權的還是任務編組的，所以你現在可以慢慢思考：如果將來公司有機會讓你組一個團隊打江山或執行一項專案，你應該要找什麼的人才來組建你的團隊，或是應該要用什麼方式帶領你的團隊？

「其實爸爸也沒有標準答案！因為領導帶領的是人，人都有情緒，有時偏心想利己、有時又有大愛想利他的複雜性格，所以領導的方式沒有標準答案！領

導是一種做人做事的藝術!

「在你的人生成長過程中,你一定要帶著這些問題——什麼樣的人才,我會想跟他共事?如果我帶領他們,應該怎麼做才會比較好?慢慢地,你就會找到屬於自己的方法。但是如果你心中沒有放這個問題,將來的你就不會特別注意這些事情了喔。」

我問哥哥:「你還記得爸爸常常問你什麼是

TEAM 嗎?」

哥哥回:「欸……就是那四個英文字。」

我問:「是哪些英文字組成的?」

哥哥忘記了,答不出來。

我告訴他:「是 Together、Everyone、Achieves、More!T.E.A.M!

就像非洲的一句俚語:**一個人走得快,一群人走**

得遠。爸爸希望將來你能夠有機會組建自己的團隊、走出你自己想要的人生。能和自己價值觀相同的人一起打天下，真的是人生一大享受啊！

我問哥哥：「你有沒有想過，其實你可以把自己的妹妹當作團隊小成員來帶領哦！」

哥哥回：「不會吧！我可以換人嗎？」哈哈哈。

五個圈圈的
邏輯思考方式

興趣很重要，但不能只看這個
弄清楚自己的強弱項
適時 follow 你的初心

每一年年底，我習慣帶著家人到我們的秘密花園（東北角）度假幾天。因為冬天東北季風天氣濕冷沒有地方去，在那個地方渡假，便多了很多可以聊天交流的家庭時光。

有一年剛好是哥哥國中三年級的時候，父子聊著聊著，聊到未來的人生夢想與職業規劃。

我問哥哥：「如果你現在長大了，自己可以完全

做主決定想做些什麼，你會選擇做什麼事情？」

哥哥回：「應該會去當電競選手，或是自行車選手！」

我回：「很棒啊！這個選擇不錯。但是你有沒有想過，這兩個工作的生命周期很短喔？通常能拿到區域或世界冠軍，也只有三到五年的光景，然後就會被其他更有天份的選手趕上。而且即使你拿到世界盃的

冠軍，你的獎金也只有幾百萬元；這可能是你好幾年的總收入，因為你不一定每次都能拿到冠軍。如果是三、四年才拿到一次冠軍，代表你的月薪可能也只有22K，甚至更低哦！到時候你怎麼面臨生活上的溫飽問題？還是你為了興趣，能像古代的顏回一樣：一簞食，一瓢飲，回也不改其志？

「另外你想要從事這種工作時，可能要開始建立

雷打不動的意志力，因為這兩份工作都需要長時間衝刺與自我訓練準備，自制力要很高才能做到頂峰喔。」

哥哥想了想：「好像是耶，我的自制力沒那麼強，可能撐不了這麼久。我看還是把這兩個選項當作興趣好了。」

我又問：「除了這兩個，還有其他想法嗎？」

哥哥回：「那我去當自行車教練，或是去自行車

公司上班當R&D好了。」

我回：「這個想法也不錯啊，不過我很好奇。你選擇的東西怎麼一直都跟自行車相關？」

哥哥回：「因為我很喜歡腳踏車啊。」

我回：「嗯嗯，在做人生重大職業選擇的時候，興趣真的很重要，但不能只看這個喔。」

哥哥問：「為什麼用興趣來選擇自己的未來不

好？」

我回：「因為興趣是一時的，而且**在人生不同的階段，興趣都會一直改變**。爸爸以前很喜歡打乒乓球、棒球（爸爸還是投手喔）、橄欖球、高爾夫球……為了這些球類，爸爸可以一大早就出門去參加或是去比賽。結果這幾年，你有看到爸爸玩這些東西嗎？沒有！因為爸爸後來更喜歡潛水、騎腳踏車還有

三鐵活動,因為人生不同的階段會有不同的興趣。當
然,如果興趣能夠跟用來維持生計的職業結合,是最
完美的選擇,不過除了自己要非常努力之外,還需要
很多運氣與貴人相助,才有機會遇到!」

哥哥問:「那應該要怎麼選擇自己的未來才比較
好?」

我回:「其實這沒有標準答案,爸爸教你的很多

弄清楚自己的強弱項,先多方面學習!

東西,只是幫助你思考,你千萬不能依樣畫葫蘆啊。
因為我不想你跟我走一樣的路線,除非你真的非常喜
歡。爸爸希望你們都能走出屬於自己的精彩人生。

「你念幼兒園的時候,曾經想跟我一樣當個超級
業務;念小學時有想過要『接我的公司』。但我相信
這些都不是你真正喜歡的,所以不要一直 copy 爸爸
喔!自己要**弄清楚自己的強弱項、先多方面學習**,然

後開始慢慢尋找自己想要什麼樣的人生。這項人生探尋之旅需要你不時地自問自答，這個題目只有你自己能夠解答唷。」

哥哥回：「我知道了！」（內心OS：我也不想要跟你一樣啊！）

我回：「知道就好了！在做重大人生決策時，爸爸會用五個圈圈的邏輯思考方式，由內而外，最裡面

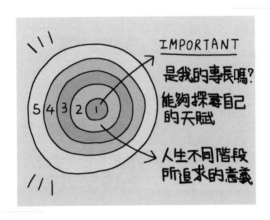

的圈圈最重要！」

● 第一個圈圈（內圈）：這件事是我的專長嗎？我能發揮所長嗎？還是在我人生迷茫時，能夠幫助我探尋自己的天賦？

● 第二個圈圈：這件事對我人生有意義嗎？對我想要去的方向有幫助嗎？人生階段不同，追求的意義也不同，你要適時的追問自己的初心唷。

- 第三個圈圈：我做這件事快樂嗎？
- 第四個圈圈：這件事合法嗎？如果違法，就不要去做！
- 第五個圈圈：做這件事會傷害你身邊最好的朋友嗎？如果是的話，可能代表這不是一件好的事。

爸爸的第一份工作是做財會人員，只符合第一個圈圈，其他圈圈都沒有滿足，所以爸爸只做了一年多

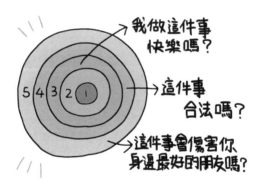

就離開了。

第二份工作是做業務，一開始也只符合前兩個圈圈，因為我做得不快樂。但我要求自己一定要做到公司前幾名的 Top Sales 才離開──還記得爸爸跟你分享過，沒有試過 500 次沒有資格放棄的故事嗎？結果做著做著，卻做出興趣來（滿足了第三個圈圈），然後就變成銷售領域的高手。在爸爸後來的幾次創業過程

中，這個技能發揮了關鍵的「活下來」作用。

現在爸爸是上市企業的職業財報講師（剛好有點天賦，符合第一個圈圈）。其實我不是很喜歡教書，會一直留下來教書的原因，是每次上完課後看到同學對人生充滿希望的眼神，讓我覺得我在做一件對的事（第二個圈圈），所以我和團隊做得很快樂（第三個圈圈）。如果第二與第三個圈圈有一天消失了，爸爸可

能就會停止教書，帶團隊去做些別的事情了，因為我還有很多會賺錢的其他能力可以發揮。

第五個圈圈是爸爸自我的龜毛人生價值觀要求，因為爸爸一直相信錢是賺不完的，而且如果你真的很強，走到哪裡應該都不會差到那裡。所以爸爸轉行賣過主機板、監控系統、中型 SI 設備系統、筆記型電腦、MP3、軍工規產品、美妝 AZBOX、成人教育培訓

行業……

我問哥哥：「你知道為什麼爸爸跨的領域這麼多嗎？」

哥哥回：「我不知道，我覺得有可能是你喜新厭舊？」

我回應：「不是啊！一般業務離開的時候都會開一家跟前東家一模一樣的公司，然後把客戶名單帶

走。爸爸重義氣，所以離開的時候故意選跟老東家完全不一樣的行業避免衝突，寧可一切從頭開始，也不要傷到老朋友。這也是爸爸離開職場之後，還能夠跟老東家的董事長或總經理保持友好關係的最大原因。

「我原本只是按照自己的價值觀裡做事（有點利他損己），結果走著走著，這些跨領域帶來的新視野，卻幫助我成就了我之後的每一項新事業。

　　「哥哥你看！有時候人生就是這樣，只要follow你的初心，不特別去追求某項東西，走著走著你就得到了你想像不到的東西。人生的每一步都不會白走，所以爸爸希望以後你能夠善用這五個圈圈，做出自己人生的重要選擇喔。」

　　我問哥哥：「現在，你的腦中有沒有什麼職業可能符合這五個圈圈？」

　　哥哥回：「有喔有喔！我想到了！」

　　我問：「是什麼？」

　　哥哥回：「就是去開一家像捷安特一樣厲害的腳踏車店！」

　　我回：「呵呵呵……」

真正高手做的是
供需之間的協調

#這輩子能和單一客戶成交幾次就很棒了

#銷售過程中最困難的是「信任」

#用長遠的眼光經營客戶

　　2018年家中變化最大的就是：我們臨時起意決定搬家，從台北搬到桃園來。為了佈置新家，連續好幾個月每天下課後，我們帶著哥哥妹妹到處看家具。有一次到單價比較貴的家具店，迎面而來珠光寶氣的業務臉色比較特別，似乎是感覺我們可能買不起……於是匆匆看完之後，我們就結束這家店的購買慾望。

　　回到車上後哥哥問：「為什麼這麼急著離開呢？

我們不是要買家具嗎？」

　　我回：「因為對方的業務比較low，看高不看低，只看表面的衣著，爸爸不想要把業績給她，所以很禮貌地看了一下就離開。這個業務還好，以前爸爸媽媽買房的時候，還有業務跟我們說：我們這裡的房子很貴喔，你們要不要先看看DM就好？」

　　哥哥回：「對耶，我常常陪你們買東西，偶爾也

會看到這種很奇怪的業務。我心裡也在想，這些業務怎麼知道客戶一定沒什麼錢，為什麼這些業務前輩都這麼短視呢？」

我回：「因為大家看時間的角度不太一樣。」

初階的業務，只想今天或這個禮拜就成交！

中階的業務，想的是至少今年要想辦法成交！

高階的業務，想的是如果這輩子能和單一客戶成

交幾次就很棒了！

因為大家看事情的角度不一樣，表現出的銷售技巧也就完全不同。

我對哥哥機會教育：「以後你在職場上，也要記得用長遠的眼光來看自己的一輩子喔。」

哥哥說：「長遠的眼光來看一輩子？什麼意思？」

我回：「你想想看，每個人剛出社會的時候薪水

都非常低，但如果你不去抱怨：這個鬼島裡面的某某公司怎麼給我的薪水這麼低，而且我剛出社會沒有人教我、公司也沒有完善的制度……而是用爸爸教你的各種方法不斷去嘗試：抬著頭（不要低頭苦幹而忽略局勢的發展）跟高手學習，然後要求自己試過500次之後才能放棄……這樣子不出幾年，你就會越來越強，年薪100萬應該不是什麼大問題。你看爸爸的小

公司兩岸團隊的平均年薪，都超過這個數字。

「你覺得如果照著爸爸的方法去做，努力打拚幾年之後，你自己有沒有機會？」

哥哥回：「應該有。」

我回：「不是應該有，而是有非常高的機會能拿到這個數字的年薪！不用怕啊！你對自己要有信心一點喔！

「你看，假如25歲工作到65歲退休，這段期間總共40年，年薪平均100萬，就代表你**在職業生涯裡面你的保底薪水就有4000萬**。你自己加上你未來的老婆，兩個人相加，一輩子就是8000萬的基本財富。接下來你要學習的事，就是聰明地運用這些基本的財富，幫你創造更穩健的收入。這樣子你知道了嗎，哥哥？

「所以當你相信自己至少有4000萬收入，用這種心態來看你的工作時，你就會知道你應該要專注在自己的能力提升，以及團隊績效的引導和客戶的終身服務，而不是天天想著何時能加薪一、兩千塊。」

哥哥回：「我知道了。」

我追問：「那你有沒有發現一般的業務與厲害的業務差異在哪裡？」

哥哥回：「就是你爸爸剛才說的時間觀念啊。」

我回：「嗯嗯！孺子可教啊！沒錯！一般的業務因為不曉得方法，所以非常急促地想要拿到訂單；因為心裡非常著急，所以他的應對進退都非常粗糙、單刀直入沒有禮貌。事實上，真正的有錢人都是有潔癖的，不會跟這種人買東西。」

哥哥回：「這是不是爸爸常常說的，『沒錢的時

候叫龜毛，有錢的時候叫品味』？」

我回：「呵呵呵。嗯嗯。你想想看，今年年初我們經過桃園遇到的住商不動產業務 Michael 哥哥，他就是爸爸口中所說的超級業務。你覺得這位大哥哥怎麼樣？」

哥哥回：「他穿著得很得體、乾乾淨淨的，話不多，而且開著名車……」

　　我回：「不是這個啦！外行人看的是熱鬧（表面），高手看的是門道（細節）。你仔細回想 Michael 哥哥第一次帶我們看的第一間房子（是我們自己在網路上選擇的物件）的時候，爸爸媽媽一進門就說，這間房子陽台好小，室內坪數也跟我們台北差不多，似乎沒有必要為了這間房子搬到比較鄉間的桃園地區。

　　「你還記得 Michael 哥哥怎麼回應嗎？」

　　哥哥回：「我不記得耶，我只知道我們跑來跑去的。」

　　我回：「他不像一般的業務，見招拆招然後自己一直說話、一直推薦這個物件。他只是問：你們需要多大的房子？需要什麼的視野？需要怎麼樣的陽台？房間的需要是如何？

　　「我們回答我們的想法之後，他就說：如果是這

樣的話,現在這個物件可能不適合你們⋯⋯但是我手上有另一個物件很符合你們的需求,你們應該會很喜歡。除此之外,我也會再幫你找看看是否還有其他物件適合你們,如果有進一步消息會隨時跟你聯絡。

「哥哥你有聽懂嗎?**真正的高手做的就是供需之間的協調**,如果自己的產品真的不符合對方的需求,他會主動自己喊停,協助客戶去找更適合的產品,或

是推薦他覺得更適合的競爭者產品給客戶。

「這個做法就跟爸爸在企業界的時候一樣,有時候我們公司的產品真的非常不OK,爸爸都不好意思推薦給他,於是就轉介給其他更厲害的同業甚至是競爭對手。沒想到隔了幾個月之後,客戶就轉單回來給爸爸——因為他覺得爸爸比較靠譜、信得過,案子交到我手上的話,我肯定會使出吃奶的力量幫他排除萬

難搞定所有的難題。那個Michael哥哥就是這種超級業
務。」

哥哥回:「嗯嗯,我知道了!難怪我發現他的話
很少,每次開口都是在詢問爸爸媽媽不同的問題,好
像是在確認我們的各項需求,他才會提供他的專業建
議。」

我回:「對對對!真正的業務高手10句話裡面,

會有七、八個問題(提問),只會講兩、三句自己公
司或產品的話。而一般比較菜的業務10句話裡面,有
11句話都是在說自己或自己的產品棒棒棒……當然,
你要記住客戶所有的回答,不能重複詢問同樣的問
題,免得讓客人覺得你不夠用心、不夠專業。

「所以,好的業務都會提很多跟客戶需求直接或
間接的問題,就是想要深入了解客戶的需求,然後才

能端出符合客戶的產品。也因為這樣子，他們不太在意當下是否能成交，而是希望幫助這個客戶做出對客戶自己較佳的選擇。**越不在乎業績的他們，反而是業績最好的超級業務！**

「還有，你還記得我們搬過來之後，才發現學區有問題的事情嗎？事實上房子已經成交一、兩個月了，Michael 哥哥大可以不用理我們，但是他還是幫我

越不在乎業績的業務反而是業績越好的

超級 業務

們逐一打聽與詢問學校總額管制狀況，然後告訴我們他認識的客戶朋友們是如何處理因應這樣的情況。這樣子的貼心做法深深贏得我們的信任，後來我們也介紹了好幾組朋友給他當客戶。

「之後整個區域的後續發展，不管是多開了一家銀行、多開了一家大型商場和咖啡館，或是政府又投了多少錢在這個區域，以及最近有什麼大型的藝文活

動在舉行，他都一一地私下通知我們。

「交屋之後，我們又發現很多小地方有問題需要協助。因為我們還沒有正式搬過來，爸爸又常在國外，好幾次都是 Michael 哥哥幫我們遞送文件，或是主動向社區申請各項手續。

「正式搬進來後，配合民間風俗要去土地公廟拜拜，沒想到附近有好幾個土地公廟，我們不知道要去

那一個，結果也是 Michael 哥哥幫我們打聽並安排相關事宜。

我問哥哥：「你有沒有發現，Michael 哥哥後來做的事，都跟買賣房子一點都沒關係？而且我們已經成交好幾個月了？」

哥哥回：「對啊！好像做過頭了，他太老實了吧。」

我回：「這樣的做法才是正確的啊！因為銷售過程中最困難的就是『信任』。這些點滴的小事情，積累出我們對他的信任，所以後來我們才會這麼相信他，還介紹了好幾個朋友在這附近看房子。

「所以呀，哥哥你在Michael哥哥身上學到超級業務的什麼特質？」

哥哥回：「應該是以客為尊與用心服務。」

我回：「很不錯啊！你有看到一些重點，但爸爸看的不太一樣，我看到超級業務身上的三個特徵。」

超級業務的特徵①：用長遠的眼光來經營客戶

業務高手看的是客戶一輩子的價值，而不是單次成交的金額。唯有你觀念正確，你才會做出合宜得體的銷售行為。

還記得你一輩子至少有 4000 萬身價的事嗎？那你還會計較一年是否能加薪 1000 元或 2000 元嗎？先把所有心力放在如何將自己變強大，如果努力做出成果後，老闆還是超級小氣沒給你加薪，你再帶著這個更強大的能力轉到其他公司服務就可以了。

超級業務的特徵②：多問問題了解客戶需求，不是一直強迫說服客戶

好的業務永遠會記住這三個英文單字：A-S-K。

A 代表 Ask。

S 代表 Simply Ask。

K 代表 Keep Asking。

（哥哥聽了哈哈大笑。）

　　因為客戶通常不會告訴我們所有需求的細節，所以我們要訓練自己詢問的技巧，來幫客戶與公司做出更好的供需專業建議。

　　哥哥回：「那我怎麼知道什麼是好的問題，什麼又是壞的問題呢？」

　　我回：「你問的問題真好！我給你的建議就是：Ask！Simply Ask and Keep Asking！」

　　反正問就對了，然後提醒自己保持禮貌與真誠的詢問即可，除了宗教、政治與個人私密問題不能問，什麼問題都可以試著問唷。問了之後，如果客戶給你臉色看，或是面有難色，就代表它是個蠢問題，下次就別問了。

　　等你被客戶修理了100次之後，你就知道什麼是可以問與不可問的問題了，然後列出最合宜的100個

問題，你就有可能成為一位優秀的業務人員了唷。

超級業務的特徵③：珍惜每一組遇到的客人

只要用心去經營，不要強迫銷售，時間一久，你就會有超級多的客戶。

哥哥問：「怎麼可能啊？我搞不好還沒有做到業績就被開除了⋯⋯」

我說：「很有可能啊，但是別忘了，**要用長遠的眼光來看銷售**這件事。哥哥你有沒有發現：在你的人生不同階段，如果你都能有一、兩位好朋友，就代表你已經是一位銷售高手了，因為你已經將自己的價值觀或你的人格特質給銷售出去。

「高手銷售的是空氣！賣的是一種人與人之間很難取得的『信任』。你想想看，假設一個業務在正常

情況下一天有五組客人，一年工作200天，代表一年有1000組客人，好好工作10年之後，至少有10,000組客人。

「那為什麼之後每個人的成就完全不同呢？因為初級的業務非常急躁，想要立馬成交，連哄帶騙就是要你簽單，你覺得客戶對他的信任度高嗎？」

哥哥回：「對啊，我也很討厭這種業務，我覺得

信任度可能只有1％。」

我回：「剛才不是提到，工作10年之後至少會有10,000組客人，乘上信任度1％，至少就能成交100次訂單。平均一年只有10次訂單，所以他一直是處於搞不清楚狀況的業務老鳥。

「另外一種業務是把時間拉長，用心經營客戶，不強迫銷售，一切的銷售都是水道渠成的過程。這種

好的業務，一般客戶對他們的信任度常常高達70％。
10,000組客人，乘上信任度70％，等於700次訂單。

「有沒有發現，你越不在乎業績，反而得到更多
業績，業績是那些業務老鳥的七倍？」

哥哥回：「可是那是遇到你們這種好客戶啊！萬
一遇到很爛的客戶，一直騙我們業務的資源怎麼辦？」

我回：「這個很正常啊，一定會有很不好的人出

現。你要接受社會就是好壞參半，一種米養百種人，
每個人不會運氣都是那麼好，都讓你遇到好人。等遇
到幾個很差的客戶之後，你就知道該做些什麼事情：
就是快刀斬亂麻！跟對方說謝謝，然後停止服務！因
為我們不是藝人，沒有辦法讓每個人都滿意，只能服
務值得服務的客人。」

30歲以前
最好不要有太多
成功的經驗

\# 蹲馬步練好基礎

\# 孤獨打出一片天，但不要孤僻抱怨過一生

\# 賺不賺錢的商業模式分析能力

連續假期快結束時，妹妹趕著寫功課，邊寫邊抱怨：「為什麼功課這麼多？害我沒辦法很快寫完。」

哥哥冷不防地說了一句：「妳才國小啊，這些功課根本就是 piece of cake，妳看我的功課更多啊。」

兩人為了誰的功課比較多，居然花了好幾分鐘在鬥嘴……

經過幾小時的努力，他們終於寫好功課。等哥哥

把課本歸位後，我拉著哥哥問：「剛才你和妹妹在鬥嘴時（哥哥立馬糾正我說：我們只是在討論！！），有沒有發現，國小的功課超級簡單啊？」

哥哥回：「對啊，一下子就可以寫完了，妹妹還一直唸，很呆啊，唸的時間早就可以寫完了啊！」

我回：「那是因為你長大了啊。以前你在國小時寫功課也是寫到天昏地暗，每次都花了好幾小時。」

哥哥回:「不是吧!我應該寫的比妹妹快才是啊⋯⋯」

我回:「最好是啦!從國小、國中到現在的高中,寫功課這件事你學到什麼?」

哥哥回:「就是小時候覺得比登天還難的事情,現在回過頭來看根本是超級簡單。」

我回:「對啊!因為人的潛力無窮啊!關關難

過,關關過。過了這個難關之後,回頭看,原本以為很難的事情根本就不難。」

我對哥哥機會教育:「2017年諾貝爾經濟學得主的心理學家理察・塞勒(Richard Thaler)也做過研究,人們對待損失與困境時的恐懼,會比賺錢與順境時放大2.75倍唷。也就是說,**在面對有1倍困難的情況時,我們的內心會自己給它放大變成 2.75 倍的困**

難，然後自己嚇死自己。

「所以，你以後不要害怕問題唷。反正一步一步來，做大部分解；原本想用三個步驟做好的，可以改成30個步驟去做，用分解的方式把困難度降低。一天做一點，花長一點的時間，最後都可以完成的唷。

「而且，等你真正進入職場後，就會發現：老闆交待你的工作，通常90％都是你以前沒做過的事情，

用分解的方式把困難度降低

所以你一定要有兵來將擋、水來土掩的做事氣度！再難的事我也可以搞定！知道了嗎，哥哥？」

哥哥先回「知道了」，然後又問我：「爸爸創業難不難？每次都要從零開始，無中生有，我感覺好難啊！你怎麼這麼喜歡創業？！而且失敗了這麼多次還一直想創業？」

這個突來的問題讓我愣了一下。我心裡OS：問問

題就好好問，幹嘛學你老爸，要吐槽別人的痛啊……
「失敗了這麼多次怎麼還想要一直創業」XD。

我回：「因為爸爸想試試看自己有多大能耐。我
一直想創建屬於自己的百億級中小企業。爸爸在國際
市場的銷售職業生涯中，一台機器一台機器賣，賣了
數百億元，過程中很有成就感，但其實都是在幫外國
人打工（OEM/ODM）。等你大一點就會知道，其實

外國人在很多言行舉止間是看不起亞洲人的，也因為
在國際市場上隱隱約約被歧視的感覺，我們客家人硬
頸的精神就被激發出來了。所以爸爸一直想試試，如
果沒有大公司或上市公司主管的光環，我自己白手起
家，MJ 能有多大能耐？所以做著做著，就創業了好幾
次……哈哈哈。

「有時候，就是一種不認輸的意志力，讓爸爸走

到現在的位置。（再次機會教育）沒試過500次別輕言放棄唷～」

哥哥回：「好啦好啦，我知道啦。」他一副老人到底要碎唸幾次的模樣。

哥哥問：「這麼多次創業經驗中，爸爸印象最深刻的是那一個？」

我回：「是和幾個博士高手合作的自有品牌PVR

（Personal Video Recorder）的時候印象最深刻，因為第一次有團隊的感覺，而且是強強聯手，做的很爽快。他們負責研發與生產，我負責組建團隊與銷售，不到六個月就成功接到全球前幾大公司的訂單，讓公司可以損益兩平（不賺不賠），立於不敗之地。我本來想說，再拚個兩、三年應該就可以賺到幾個億，然後就退休了……」

哥哥問：「做的那麼好，後來幹嘛離開了呢？」

我回：「因為少年得志啊！**太早成功，就會以為成功是理所當然**，覺得自己非常了不起，然後我就變成大頭症，沒多久也發現別人的頭又比我大一點……很多大頭症的人在一起，大家的頭愈來愈大，接著內部溝通也出了問題。經過一年多爸爸就決定不玩，拆夥了。

「所以爸爸不太希望你太早成功！最好 30 歲以前都不要成功，先讓社會與市場打擊你（練身體與練心理素質），等你身體與心理狀態成熟後，再成功比較能持久啊。

「就像不願蹲馬步練好基礎的人，不論遇到什麼神人高手師父，他也只能練出很像的外功，很難長久獨步於武林群雄之中。」

　　哥哥回：「不要吧！如果可能，我還是想要早點成功，但我會時時提醒自己不要有大頭症就好了啊。」

　　我回：「最好是啦。每個爸爸媽媽都希望自己的兒女能成功，但我希望你和妹妹是穩健地成功，因為爸爸看過太多厲害創業家在很短時間就成功，然後日擲萬金，或者心生更大的貪念，想賺得更多更快，然後用低價騙了股東的股份，轉賣給新股東或是掏空公

司的資產，最後兩手空空，只剩下『二億』：失意與回憶。」

　　哥哥追問：「燒掉最多錢的那一次，AZBOX 發生了什麼事？那一次失敗後，我發現爸爸很少跟外面人連絡了，感覺爸爸刻意與你的朋友圈保持距離，發生了什麼事嗎？」

　　我回：「哥哥你長大了啊，居然有發現到爸爸的

心理變化……爸爸後來很少與外面人連絡，是因為爸爸過去將大部份時間都花在朋友身上，重情義常常出手幫朋友，也借錢給不少朋友，結果輪到我落魄沒錢，到處向別人借錢，卻沒人借我。其實爸爸的內心很受傷，可能是自己做人沒有自己想的那麼成功，或是錯估了朋友之間的情誼。

「後來我才發現，朋友之間也沒有那麼複雜。朋

友就分幾種：能共患難的兄弟朋友、談的來的老朋友、商場上的朋友與點頭之交的朋友。

「爸爸以前不懂事，我把所有朋友都當成能夠共患難的朋友，後來才發現大都是商場上的朋友與談的來的朋友。兒子啊，你以後也要學著分辨不同的朋友唷，一輩子如果能交到 3～5 個能共患難的朋友就很棒了唷。

　　「加上，公司結束後欠了那麼多錢，爸爸也沒心情找朋友（當你身欠巨款，朋友都怕死你了啊），更沒時間傷心，因為天天找朋友哭鬧也改變不了現況，於是只能全力以赴，先想辦法賺錢活下來。這一路過來，只有光龍阿伯與小甜姐姐跟著爸爸，其中小甜姐姐也曾經好幾個月沒領過薪水，我們是這樣一路打拚下來的……所以爸爸把光龍叔叔與小甜姐姐當做家人

在照顧，不論是後來爸爸開的新公司，或是投資的新事業，爸爸都有預留一定的股份或獲利給他們。

　　「所以那幾年爸爸很少與朋友連絡是這些原因——連絡了也沒用，不如先把自己變強再說。而且經過這麼多事情後，爸爸心臟很大顆，不太需要抱團取暖，也不需要心靈療癒陪伴。因為……你媽媽會在旁邊鼓勵我，把我變得強大。」

哥哥問：「媽媽這麼厲害啊，她都怎麼鼓勵你？」

我回：「媽媽通常會說，『你這個男人真沒用，一點打擊就變成這樣』，哈哈哈。」

哥哥臉上出現驚訝的表情（這也叫鼓勵啊……他頭上飛出幾隻鳥）。

我繼續說：「所以啊，哥哥如果你將來遇到人生重大關卡，要習慣能一個人孤獨的走過黑暗期唷，因

為路上有朋友相伴這種事要燒了三輩子的好香才可能發生。

「失敗時朋友走光光是正常的唷，你一定要習慣，把它當做常態！你要**學會孤獨打出一片天，但不要孤僻抱怨過一生**。」

哥哥回：「嗯嗯嗯，知道了啦！」

哥哥問：「如果時光能倒轉，回到從前你手上還

有錢，爸爸還會去做 AZBOX 網路美妝的創業嗎？」

我回：「不會了，因為當時我沒睡飽啊。」

哥哥問：「沒睡飽？指的是什麼？」

我回：「我有五個沒睡飽啊。」

沒睡飽①：服務的客戶族群（TA）不對。

當時爸爸公司服務的 TA 不對，因為體驗盒一個

月只要 $499，包山包海，裡面有 2～3 個正品的保養或美妝品。基本上這就是一個不對的族群，一個不想花錢但想體驗 A 級品牌的族群。換句話說，不管將來我的生意做得多大，這群客戶只有很少比例的人會真正花錢買正品。

這就像是一個擁有寒冰掌的武林高手，去了沒有魚群的湖泊，就算一出掌就把湖水全部結冰了，還是

抓不到可以讓他活下來的魚。

其實爸爸都知道，但我當時覺得自己很厲害，一定能打破這個魔咒。其實只要大方向錯了，即使你有通天本領，也無法把沒魚的湖泊變得魚群滿滿啊。就像巴菲特說的一樣：**在錯誤的道路上奔跑是沒有意義的**。這就是爸爸第一個沒睡飽原因。

哥哥回：「哇噻！老爸你真的沒睡飽啊！」

我回應：「嗯嗯，當局者迷啊」

沒睡飽②：一次打三種球

當時爸爸是看了 Birchbox 與 Glamabox 在美國與德國發展的很好。要做這件事需要三種能力，爸爸當時自評的狀況是：

B2B 銷售能力：這個爸爸很強，我給自己 90 分。

平台設計能力：我不會，所以0分，但我可以外包啊，所以給自己80分。

社群運營能力：爸爸以前管過全球銷售團隊，我覺得自己還行，給自己70分。

所以我與其他競爭者PK時的分數是：

B2B銷售能力：爸爸90分，PK競爭者30分。

平台設計能力：爸爸外包80分，PK競爭者80分。

個體PK贏，不代表在商業團隊戰就會贏

社群運營能力：爸爸70分，PK競爭者50分。

當時怎麼看，都是我會贏，所以做出來之後，果然六個月就做到全台第一，擁有10萬名付費會員。

其實，這是我第二個沒睡飽。**個體PK贏，不代表在商業團隊戰就會贏！**

而且爸爸當時是綜合能力贏，但輸在看錯市場的趨勢上，方向上錯得一塌糊塗啊！

再者，創業本來就超級難，專心做一件事就很困難了，爸爸居然自大的同時做了三件事：B2B、平台建立與會員經營。

然後，平台建立都是燒大錢的生意模式，要一直累積到數百萬會員，才有機會開始賺錢。爸爸手上當時也才只有幾千萬資本，根本玩不起這種東西，但又是大頭症讓我覺得：別人可能不行，但我是 MJ，我做

過幾百億的業績，我・一・定・行！

唉，真是沒睡飽。

沒睡飽③：當時的生意根本無法規模化

因為美妝體驗需要品牌商的商品贊助，但台灣的市場很小。2300 萬人口，一半是女性，算 1200 萬人好了；25～35 歲的女性是我們設定想服務的客戶，就算

20％好了，大約是240萬人，這就是我們最大、最大能吸收到的會員數了，但我們不可能全吃得下來。

品牌商也不可能為了小小的台灣市場，就提供這麼多數量的樣品或正品讓潛在客戶體驗，加上品牌商自己也有專櫃體驗管道，網路代購又發達，這件事基本上就賺不了錢，更無法規模化。

240萬的目標客戶 x 10％市佔率＝24萬人。這樣

生意無法規模化

的規模是養不起一家平台公司的。後來的故事又是一樣的：我是MJ啊，那有不可能！呆啊……這樣就燒掉3500萬元。

沒睡飽④：沒有團隊，只有一人高傲前行

當時我所有的團隊成員，大都是104或是yes123找來的，沒有默契又都是新手菜鳥，我得一個一個

教。好不容易挖來的高手，又都是職業經理人，根本就不適合創業。

「職業經理人」是你要準備所有的食材給他，然後告訴他你想吃三杯雞，他就會炒出一道好吃的三杯雞出來。

「創業家」是手上沒有任何食材，也不知道市場想吃什麼菜，但時間一到，就要變出一道道好吃的餐

點來出。

所以這些職業經理人在我的新創團隊根本發揮不了作用，因為我們無糧、無米又無方向，通常待了三個月到六個月就走光光了。

所以啊，以後創業時，如果沒有和我差不多能力的人，爸爸是不會再次 All in 出來創業啊。因為有團隊，才有相互提醒一起奔跑的力量。

我問哥哥：「還記得爸爸教你的T.E.A.M嗎？」

哥哥回：「Together-Everyone-Achieves-More！」

我回：「你真是太棒了啊。T.E.A.M！」

沒睡飽⑤：別人成功我一定也能成功

後來爸爸發現，很多創業家跟我一樣，都是在美國矽谷看到了一個模式，就幻想我也能成功，直接就

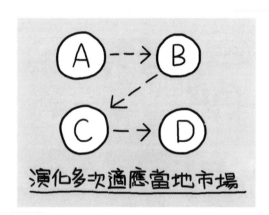

copy 過來。**但我們忘了看到的東西，都是原本團隊為了適應當地市場，改了很多很多次才演化過來的。**可能是從A產品，改成B產品、C產品，甚至由甲的商業模式，改成乙的商業模式，最後賣的是D產品。

可是我們在台灣，只看到D產品就殺進去了，沒有自己原創的商業想法，或是基本的商業思維：

● 我們根本沒有用心去思考市場到底需不需要我們？

- 我們存在的目的是什麼？
- 我們提供的產品或服務能解決目前客戶遇到的難點嗎？痛點嗎？
- 這市場能規模化嗎？憑什麼能規模化？
- 我們真的覺得市場會愈做愈大，還是只會愈做愈小到特殊的利基（niche）市場？
- 如果一切順利會演變成什麼模式？

- 如果一切變得不順利，別人會持續花錢買我們的產品或服務嗎？為什麼？
- 手上的錢能撐到市場規模化嗎？手上的資源能等到春暖花開時嗎？

創業大不易，在做 AZBOX 時，爸爸有太多沒睡飽的地方啊。

領先市場一步，叫先趨。

領先市場一年，叫先烈！

所以啊，如果時光倒流，爸爸不會再去做這個事業。

哥哥回：「爸爸你看，現在快十一點了唷。你要不要先去睡覺？」

我問：「怎麼了？」

哥哥回：「因為你在AZBOX創業時，真的好像沒

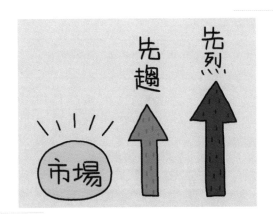

睡飽啊，趕快去睡覺睡飽一點，我們以後再聊。」

我回：「XD……教自己的兒子真的不容易啊。我要洗洗睡了。」

練習下困難
的決定

在不完美下，做出盡可能好的決定
對的事就放手去做
獨立思考的能力

假日期間，只要沒有家庭活動，哥哥都會出去騎車；若是雨天不適合外出時，他就花大把大把時間上網研究自行車的所有新聞。有次為了參加比賽，需要升級輪框，哥哥花了好幾天時間，把台灣所有可能買得到的輪框一一分析了一次（真的是宅男啊）。

我問他：「最後決定要買那一款？」

哥哥回：「我再想想，還需要進一步分析。」

過了一週，我再追問哥哥：「輪框的事，考慮清楚了嗎？要不要做決定了？」

哥哥回：「還要再想想，因為我覺得應該會有新款要出來了。」

我回：「Willie，有時候不需要等到完美時機或完美產品才出手啊。完美永遠是大家最想要的最佳解，但真實的世界很少有完美解，通常都是在情報不確定

199

下，就要立馬下決定。之前不是帶你去聽過憲哥阿北的新書發表會嗎？『人生準備40％就衝了』。而且你已經研究這麼多天了，準備早就超過80％了啊，應該有足夠的情報可以做出不錯的決定。」

哥哥回：「我還要再想想……」

我回：「你要練習做困難的決定啊！**要練習在不完美下，做出盡可能好的決定**就可以。將來哪一天發

現錯了，就承認自己錯了，然後改進就可以。」

我問：「你還記得以前爸爸公司的總經理James阿北嗎？他就是一個做困難決定的高手。」

哥哥問：「怎麼看得出來？」

我回：「以前我們都是做大客戶的生意，一年做了好幾百億。後來，利潤愈來愈薄，大家辛苦一整年也沒賺到什麼錢，等於在做白工，然後幾百人的團

隊一年下來也沒什麼獎金可以發。後來他發現這個問題，決定將90％的員工，全部轉到只有10％營收的軍工電腦市場去。

「那時候大家罵聲一片，一堆人離職，最後走了將近30％的老夥伴。你猜後來公司怎麼了？」

哥哥回：「應該業績一落千丈，大家士氣低落。」

我回：「基本上是對的。但是一年後，公司居然

賺的比前兩年所賺的還要多！」

這個真實的故事教會爸爸兩件事：

1. **不要高估自己的能力。** 當時有不少武功高強的人脅迫公司，說如果怎樣怎樣，我就把整個團隊帶走。結果整個團隊走了，公司卻還活得好好的。轉型的兩年後，我也離開了；我當時要離開時，同樣覺得我這個超級業務戰將離開後，公司一定會這樣又那

樣，結果什麼事也沒怎麼樣！少了一個我，公司依舊 run 得好好的，哈哈哈。

2. **對的事就放手去做**。即使這是一個困難的決定。

我說：「哥哥你要想一想唷，原本是一年做幾百億的生意，現在要全部丟掉重來，變成一年可能只能做幾十億的生意。你覺得公司員工會不會覺得老闆腦中有瀑布？（不是只有洞洞唷！）」

哥哥回：「對吼！在下這種決定時，一定超級困難啊，我猜 90％以上的員工都不相信那個阿北才是。」

我回：「嗯嗯。結果十年後的現在回頭看，他真的很厲害。一樣的道理，將來你感到很迷惘時，如果你明知道繼續走下去只會愈來愈差，你就要當機立斷做出困難的決定啊。知道嗎？」

哥哥回:「我知道了。」

我回:「道理大家都懂,要去做才是啊。就像你研究了輪框很久了,到現在還一直做不了決定,就有點優柔寡斷了。而且,我們馬上就要比賽了。」

我接著說:「以前老爸有一個一起工作的老員工,後來轉到一家公司工作了很多年。那家公司其中一位合夥人對他一直有成見,常常威脅他不給加薪、

優柔寡斷無法下決定

不給年終、不給升遷。在這種情況下,他居然還是做了好幾年,有一次吃飯和我提了這件事。

「我跟他分享說:只要有人對我們有成見,我們再努力也要好幾年才會改變他的想法。這樣下去不是辦法,你過來幫我好了,我給的薪水不會太差,獎金也不錯,你自己想想。」

結果,他回去想了想,同事又對他說:「你也知

道老闆就是這種人，唸來唸去最後還不是都沒事。我們同事處的這麼好，沒有必要離開啦。」

「哥哥你猜，他後來做了什麼決定？」

哥哥回：「他沒有過來？」

我回：「對！明明就知道是錯的方向，為什麼還不下決定？因為轉換跑道是一個困難的決定：由習慣的環境轉到不熟悉的環境。

「更奇怪的是，我給的年薪比他之前工作可能多幾十萬啊。後來隔了一年，他又來找爸爸，我就做出困難的決定：不再錄用他了。」

哥哥問：「為什麼？」

我回：「因為耳根太軟，隨便一個人說一句話就失去思考能力，他這種思考能力的修練，可能無法在爸爸快速反應的團隊中生存，所以我還是只能婉拒他

來應徵。

「另外有一些企業家學員來找爸爸協助，經過幾小時的討論，他們的公司問題其實很簡單：產品競爭力還可以，只是客戶不對，客戶習慣殺價，殺到這幾年來所有的訂單都是賠本的，所以公司一直虧錢。」

我問對方：「公司有多少人？一個月開銷多少錢？公司手上還有多少現金？如果沒有訂單，公司還

能活多久？」

對方回應：「手上的現金還可以活兩年。」

我說：「那你就跟那些虧錢的客戶說謝謝，感恩這些年他們的支持，但是案子沒有賺錢，只能忍痛請他們轉單。我還說，如果你們公司的產品夠差異化，至少會有20～30％的客戶在罵完你之後，會留下來接受你的漲價。然後，你把公司省下來的資源與人力，

拿去優化公司的產品或流程，並拜訪之前不理你們或你們不理人家的客戶。兩年後，你的公司就會有不同的榮景。

「哥哥你猜猜看，結果那些企業家叔叔有去做嗎？」

哥哥回：「我猜應該沒有。」

我回：「Bingo！大多數的人都沒有做，只有趙叔

叔和陳阿姨這兩家公司有照爸爸的建議去做。」

哥哥問：「明明是對的方向，為什麼不去做呢？」

我回：「因為突然要推掉幾千萬或幾億元的訂單，這是一個超級困難的決定，一般人下不了這種決定。但冷靜思考：繼續做下去只會死路一條，而且這些訂單都是有毒的訂單，愈吃公司體質愈差，只有死亡一途。

「所以啊，為了學會做出困難的決定，哥哥你也要開始學會獨立思考的能力唷。」

哥哥問：「什麼是獨立思考能力？」

我回：「就是你不帶個人情緒，經過理性分析做出來的思考能力。只有具備獨立思考能力的人，才能做出困難的決定唷。

「例如：2017年爸爸每個月在北京上課時，每堂

課台下通常有數位到數十位億萬級富翁，有時候會談到不同的商業個案。當時很火紅的是共享單車ofo與mobike，我在課堂上連續幾期向數百位同學說，這生意不能做，將來會很慘，因為：第一，沒有獲利模式；第二，當地政府不讓你再投資，代表這個生意不能做大，而做生意若不能規模化，基本上就是死路一條。就像你開麵包店，政府說你一年只能賣1000個，

你覺得能活嗎？第三，是整個資本市場寒流來臨，只要沒有人再投錢給這些公司，這些公司會因為燒錢過快，死得更快。」

當時台下所有人的眼神，傳遞出的訊息是：老師，您也太不了解中國市場了，這會兒共享經濟這麼熱，怎麼可能崩掉……結果六個月後就出事了，一次破產了數十家類似的公司。

「然後是P2P網路金融（其實就是網路化的地下錢莊）。我的思考很簡單：你投資P2P，拿了人家12～15％的利潤，代表P2P平台至少要能賺上15～20％的利潤，才能分紅給你。這就代表P2P放貸（借錢出去）給客戶，每年要跟客戶收取15～20％以上的利息。

「哥哥你知道一般上市的大型企業的稅後平均淨利是多少嗎？」

哥哥回：「我猜有30％！」

我回：「整個產業界平均不到10％的稅後淨利啊！在爸爸公司裡的財報資料庫中有1667家上市櫃公司，五年稅後淨利超過10％的只有407家！這代表向P2P借錢的企業，大多根本賺不到20％，用常識就能知道他還不了錢；P2P借錢給個人的部份，更不可能一年後還能如期還錢。結果，全中國5000多家P2P平

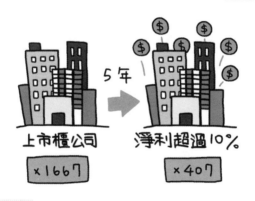

台，最近共倒了3500家。

「還有很多很多的例子，所以大陸的同學都叫爸爸『黃金烏鴉嘴』，因為我在課堂上提到的事情或案例，最後都一一出事了。這其實不是爸爸屬害啊，而是生活常識屬害，生活常識培養了爸爸的獨立思考能力。」

我問哥哥：「就像你也會潛水，如果有人說：

『Willie，你和你爸爸太遜了啊，潛水還要帶二級頭、BCD 與氣瓶，才能潛水。我不用帶任何東西，也能在水下 20 公尺潛水 40 分鐘才上來。』你覺得最後他是潛上來還是浮上來？」

哥哥回：「應該是不會動，然後浮上來吧……呵呵呵。」

我回：「對啊。所以你一定要建立自己的獨立思

考能力，然後練習下困難的決定唷。」

2008 年 9 月 15 號，美國的雷曼兄弟公司破產，破產當時他們公司共有 120 個哈佛畢業的高材生在那裡上班，然後這些高材生與其他華爾街的天才創造出的假商品——結構債／連動債，然後將很爛的東西請信用評等公司打成 AAA 或 Aaa 世界最好的信用等級，一共發行了 25 萬種 AAA 等級的假金融產品。要知道

Apple這麼強的公司，都很難拿到AAA或Aaa這麼高的信用等級唷，最後總共讓世界損失了11兆美元。美國人一年不吃不喝創造出來的經濟產值只有16兆美元，台灣大約一年產值是15.5兆新台幣；台灣自2001年至今約有211家上市櫃公司惡意掏空或經營不善破產，也才燒掉2.1兆新台幣。

獨立思考、獨立思考很重要唷。

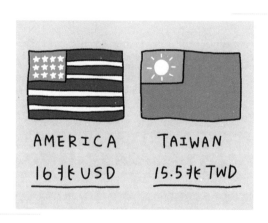

給兒子的第十八堂
商業思維課

一輩子
要帶著小朋友
做一次網拍

#真心祝福別人的成功

#千萬不要仇富

#世界是彩色的更是灰色的

　　因為我常年出差海外，沒時間陪著小朋友長大，每次出差回台，為了減低自己的愧疚感，常常大包小包買了很多國外最流行的玩具給小朋友，這些高價玩具常常過了兩、三年之後，才在台灣的各大百貨公司出現。

　　一開始我覺得自己很棒，有能力讓小朋友擁有最新的玩具，然後又帶著小朋友住不錯的飯店，但久

而久之，這樣的高物質生活讓小朋友有了錯誤的金錢觀。我們後來發現，哥哥看到數百萬的名車會不經意地說：「這台車好棒啊，還好只有幾百萬，等我長大後我也要買一台。」妹妹看到高價的玩具，也會覺得才幾千元而已，為什麼爸爸媽媽不買玩具給她，然後一直哭鬧著想買。

　　我和老婆討論這件事之後，我們決定改變家庭度

假方式：由花大錢的 hotel 旅遊，改成自然風的省錢露營大作戰，這一露就是十多年，總共露營近五十次。這些歷練讓小朋友從小就學會自己對自己負責、自己打理自己的行李！如果沒有打包行李，我們就讓小朋友一套衣服到底，過程中都不會幫他們買額外的衣服。如果忘了打包到自己想要的東西或玩具，到露營地的現場，我們就讓小朋友運動、玩石頭或沙子，兄

妹倆無論哭得多大聲，我們都會努力忍住，不輕易妥協……

這些年回想起來，還好我們大人及時改變了小朋友的物質生活，也間接讓哥哥和妹妹的金錢觀慢慢回到正軌。

前些日子哥哥為了買一件西裝，我們就近帶他到一家歐洲品牌店看了一下，看到標價後（都是 3 萬、

4萬、5萬這種高貴的價格），哥哥拉著我的手說：「爸爸，這家衣服太貴了，應該是給成功人士穿的。我只是高中生，錢省下來做別的事好了。請你帶我去Uniqlo 或是 Zara。」

最後哥哥在 Uniqlo 花了 2000 多元，買下人生中第一件休閒西裝外套。

身為爸媽的我們看著他成熟的金錢觀，內心滿滿

地感動。

之後我們又發現兄妹倆，傻乎傻乎天天的，覺得賺錢很容易。剛好以前看到 TT 面模的老闆帶著自己兒女做網拍的故事，所以我也如法泡製，帶著兒子做了他人生中的第一次網拍：將家中多的一台腳踏車拿去網拍。

接到這個新任務，哥哥很快的把腳踏車從儲藏室

牽出來，好好做了整理、保養一番，接著開始思考哪
些配件是這輛腳踏車的原始配件，在拍賣過程中我們
又可以額外贈送哪些配件。

另外，我們也在意一個一般人可能不會注意的
小事，就是需不需要課稅？依據我們在網路上查詢的
資料顯示，把家裡多餘的東西做網拍並不需要繳稅，
但是我們還是跟兒子說，有機會一定要打電話到國稅

局去「驗證」一下網路的說法，畢竟主管機關是國稅
局，他們說的才算。這樣做，只是要讓小朋友習慣**所
有的交易都應該盡量合法，以免日後有法律上的困擾**。

接著，兒子開始拍攝腳踏車的一系列照片。我們
提醒兒子，拍攝產品照片的目的就是要清楚明確，才
能吸引客戶。這部分，兒子做的很好！

然後哥哥開始寫產品文案。一開始他交出來的產

品簡介，只是將心中的產品規格與賣價一口氣全列出來。我們跟他說，可以參考其他人的寫法（快速聰明複製），重新將初稿分段架構、條列清楚，讓潛在買家可以一眼就看清楚……

接下來要選擇網拍管道。哥哥選擇把賣車訊息放到網路上二手車的社群，在 Po 文到社群的第二天，有人表明興趣。在打電話給有興趣的買家溝通之前，我

們請兒子列出可能需要詢問的問題，然後由我們大人代替他打了這通電話，確認對方的需求與想法是否一致後，就約定看車的時間與地點。

掛完電話後，我們還請哥哥發簡訊至對方的手機做為 confirmation letter，載明約定的看車時間／地點／聯絡方式，以確定雙方沒有遺漏任何訊息。老婆也耳提面命地提醒兒子，與有興趣的買家約碰面時，要約

在公開場所、有人陪同，千萬不要隻身赴會。

　　碰面當天，哥哥先讓買家看車、確認腳踏車車況與相關配件，再讓買家試騎一小段路，之後就進入交易的談判。本來想尊重一下兒子的想法，問問他想賣什麼價格，沒想到哥哥直接在買家面前把我們心裡的賣價底線說出來，哈哈哈。

　　談判一開始就沒退路，有被自己的兒子將軍的感

覺，只能且戰且走，以成交賣出為終極目標。

　　交易完成後，我們與兒子簡單的做一個檢討會議（這個是向台中老王學習的 AAR —— After Action Review），討論下次如何能把網拍做的更好：

1. 雖然我們這台腳踏車車架的永久保固已經在總公司登記，為了讓買家能更安心購買，下次若再有賣車的機會，我們應該幫買家多想一步，把總公司車架

保固的資料印出來直接交給買家，可以累積以後交易所需的信任度。（交易之後兒子有補給買家）

2. 在做買賣交易的談判時，賣價應該預留可以殺價的空間，不要把自己的籌碼與底線一下子就全部倒出來給對方看。

這一整個網拍過程，兒子主導進行，我們大人僅在旁邊做提點。後來我們問了兒子：「你覺得網拍容

易嗎？」

他說還不錯。哇咧……看樣子他還沒有體會出「賺錢不容易」這件事。

於是我們又慫恿哥哥做了第二次網拍，把哥哥手邊舊的輪組拆下來，好好整理乾淨之後上網拍賣。經過一番努力，終於出現了一組買家，這次由我親自出馬陪同（保護小朋友的安全），哥哥開心地帶著他用

心包裝好的舊輪組出門準備交易。

沒想到，對方要的是一台腳踏車，而不是單車「輪組」

我們跟兒子一起檢討可能的原因，應該是兒子當初po的產品照片不夠清楚（有一整台車在照片正中央），即使在產品名稱與說明上有說賣的是輪組，但是對於不太懂單車的人來說，看到車子的圖片就會以

為1500元可以買到整台車……哈哈哈。

又經過幾個星期的努力，輪組還是沒賣出去，哥哥的心情不太美麗，有點想放棄。

我問哥哥：「網拍容不容易？」

哥哥回：「真的不容易啊，不是你想賣什麼就能賣出什麼。沒想到當業務做銷售這麼不容易。」

我回：「對啊。做生意賺錢超級難啊，而且你只

是將家中沒用的東西賣出去而已,沒有庫存壓力。真正做生意時,老闆都是先做了幾千、幾萬個產品放在倉庫,再一個個賣出去。如果沒有賣出去,就會被庫存吃掉所有現金,然後可能發不出薪水給員工;幾個月後,貨如果還是賣不出去,最後可能就GG了。」

哥哥回:「啊!原來做生意要放這麼多存貨啊。但能不能接到訂單再生產呢?」

做生意賺錢超級難!

我說:「可以啊,只要你是知名大品牌,例如iphone,人家會願意等!但如果你我都是Nobody,我們賣的是MJphone,人家好不容易嘗鮮衝動想買時,如果手上沒貨,客戶就不會等你了啊,你會失去可能的銷售機會。所以一般老闆做生意時,都要先拿自己的現金換成存貨,才能開始做生意。」

我接著說:「兒子啊,爸爸讓你去網拍,就是希

望你了解商業世界中有很多不可控的因素，你必須在這些不可控而且又是動態多變的環境中，打出一片天，真的是非常不容易。

「所以我希望你以後能**真心祝福別人的成功唷**！不能像一般人，看到別人做生意成功，就說他一定是官商勾結，要不然是家裡有錢，或是透過關係。這麼簡單地黑白分明看世界，人生就GG了啊。

「世界是彩色的，更是灰色的，很少會出現書本上非黑即白的二元世界啊。」

前一陣子爸爸和一個在美國德州的學生通電話聊天，她說之前在台灣，一直覺得台灣不怎麼樣，後來出國幾年後，她跟爸爸的想法一樣（爸爸飛了三十多個國家，在海外做了十多年生意）：台灣真的是寶島啊！

　　所以爸爸希望你跟妹妹要學會：真心欣賞別人成功的大氣度，再從他們成功的過程中找出之前沒有看到的機會，然後你就會發現……台灣真的是寶島啊，處處充滿機會與人情味。

　　千萬不能仇富！

　　就像新加坡的總理年薪高達200萬新幣，約合台幣4000多萬元；一般部長也是幾千萬台幣的薪水。

　　我們一定要欣賞別人的成功，不能又說「這真是肥貓啊，根本就是貪官」。

　　別忘了，外商頂級CEO的年薪大多是數千萬美元上下。千萬不能仇富，人家領這麼高的薪水一定有他的道理，他創造出來的價值一定超過年薪數十倍到數百倍以上，不然隔年就會被公司開除了。

　　所以，兒子啊，千萬不能仇富，一旦你仇視富

人，你就永遠無法成為富人，因為你的內心不會讓你成為一個你討厭的人（富人）！

還記得你的人生價值觀就是一個大磁鐵嗎？

請用祝福的心，真心恭賀別人的成功！

久而久之，你生命的發展可能就會不一樣了。

結語 | 給兒子參加世界盃的視野高度與能力

　　2019年第一個工作日意外地把這本書寫完了，當晚興高采烈的去接放學的兒子，跟他分享這個好消息，然後來一個男人間的 High Five！

　　結果兒子傻笑著回應：「哦。」

　　因為平常我都是兒子的潛水夥伴、單車抽筋豬隊友，或是三鐵賽中的戰友，打打鬧鬧慣了，在兒女的眼中我是一個愛搞笑的中年大叔，加上我在家中很少談及自己的工作狀況，所以兒子的傻笑回應很正常。

　　我想……也許今晚應該是我show一下肌肉給兒子看的時候。

　　我問：「兒子你知道爸爸靠什麼養家餬口的嗎？」

　　兒子回：「知道啊，就教大人一些財報知識啊。」

　　我回：「嗯，但不只這樣唷，還有指導大型上市公司的策略能力唷。」

　　我接著問：「你這麼喜歡打電動，你知道全世界最厲害的電競notebook是哪家公司做的嗎？」

　　哥哥回：「當然知道，就是台灣的微星科技（MSI）啊，世界的各項電競賽都看得到他們家的LOGO。」

　　我回：「2009年，他們公司有一位總裁辦公室的

主管來上過我的課，課後他問爸爸，如果我是他們公司的總裁，我會把微星科技帶去那個方向？我隨手在教室的白板旁聊了一下他們公司目前的產業狀況與競爭現況，又問了幾個問題，然後在白板上寫上一個字：Gaming！

「結果我把他嚇到了，因為他們公司好像正在轉型，要去的方向剛好是往Gaming走，這屬於商業機密，我一個外人居然隨隨便便就猜中了！

「也因為這段不經意的對話，接著由那位主管把我引薦到公司最高層，然後爸爸和Tracy阿姨一起合作，是他們公司繼麥肯錫與IBM輔導之後，唯一一家台灣本土顧問公司連續兩年主持該公司的全球高階主管策略會議唷。」

我把眼神轉到哥哥臉上，期待哥哥出現「WoW」的崇拜眼神。

結果，哥哥只隨性地回應：「哦，原來還有這個故事啊，我以為他們一直都是在做Gaming。」

不死心的中年大叔決定要讓小朋友另眼相待，我接著說：「有一家大聯大集團，一年營收5000多億新台幣，是全球最大的電子元件通路商。你喜歡的任何一種電子產品，應該都是他們家的客戶唷，因為他們是全球第一。

「爸爸在2018年夏天的某次課程中，集團中的一位高手CEO Frank阿北開口向爸爸提問：老師不用舉

其他公司的案例了，能不能請你直接用大聯大公司的財報來分析，告訴我如果你是我，會做些什麼事？」

於是爸爸打開手寫電腦，看完他們公司財報後，花了約三分鐘時間思考，然後在電腦白板上寫下了：先做 A、B、C，如果有時間再做甲、乙、丙。

爸爸講完後，那位 Frank 阿北立馬站起來，拿了麥克風走到台前，問爸爸另一個問題：「請問老師有和集團其他高階主管深聊過嗎？」

我回：「沒有。」

Frank 阿北接著說：「真的嗎？因為你現在在白板寫下的所有佈局，就是我們集團現在正在做的佈局。」

講完故事之後，我立馬看著兒子：「你看！」然後期待他的回應。

兒子只回了一聲：「哦。」

他靜靜看著我的眼神（中年大叔失望的眼神）兩秒後，又補上一句話：「感覺爸爸有點厲害啊。」

我大笑不語。

結論：在小朋友的眼中，我們真的是中年大叔啊。哈哈哈。

在開車回家路上，我轉過頭向兒子說：「哥哥啊，爸爸一定不是全世界最厲害的人，但我的商業思維是經過很多家營收數十億上市公司高階主管 PK 與淬鍊過的精華，加上自己多次的創業經驗，所以啊……你能學多少就學多少唷，至少讓你有參加世界盃的視

野高度與能力，一起加油！」

兒子終於熱情地對著中年大叔說：「我知道了！
謝謝爸爸的用心良苦，我有感受到了。」

兒子的話　站在老爸的肩膀上看世界

林承勳

教育，我認為不應只關注和執著於學科，畢竟出社會後的能力不只是在於學術理論，而是在於如何應用所學、做人處事與一些「職場」與「商業」的思維。

學校目前沒有為我們安排諸如此類的實務課程，但是我很幸運，我老爸將他「在江湖行走」所學到的經驗，在生活中一點一滴地傳授給我，讓我有機會可以站在巨人的肩膀上一探世界的究竟。

打從幼兒園開始，老爸和老媽就要我多多觀察身邊的人事物，然後大家可以一起討論交流想法——從早餐店沒有客人的原因，到新聞報導大企業倒閉、破產的分析，皆是我們日常討論的話題內容。

而老爸帶給我的財務觀，我覺得更是重要。小時候的我還不懂事，抓不準金錢的價值，總是把百萬級的商品，講得跟購買日常雜貨一樣簡單。例如明明是昂貴的雙B名車，我卻會說「只要200萬而已」。

老爸發現這個現象之後，便以當時剛出社會的薪水與物價水準分析給我聽，讓我知道要存到第一桶金100萬有多麼困難。

國小六年級時，老爸老媽給我做了一個有趣的小實驗，那就是「未來想過的生活學習單」。第一次嘗

試的時候，我直覺地選了一直嚮往的工程師工作來填寫。查了徵才啟事，我將薪水收入粗估為35000元，再依據自己想要的物質生活水準，估算房貸、車貸、水電/瓦斯/電信費用、三餐伙食費、油資和治裝費等生活費用。

結果我發現，我的生活費用竟高達80200元；我那微薄的工程師薪水，別說存到錢了，連生活費用都付不起……

還記得當時我的心理衝擊很大，隔天我自己要求再操作一次。當時還是小學生的我，不知道要如何開源，只好努力在生活開支上做節流的動作。我先把購買30坪的房子改成承租小套房，再把百萬新車改成約15萬的二手國產車，三餐伙食則是能吃飽就好、不要太奢華，同時降低非必要的治裝費與旅遊費開支，才勉勉強強可以月存約1500元。

這時我才深刻知道，錢是如此難存及難賺，終於體會到老爸老媽工作賺錢的辛苦……

唸國中時，因為媒體的報導，創業也開始盛行，賣雞排、賣珍奶的店面滿街都是，也因此激起我想創業的衝動。但是在跟父母分享這個創業的想法後，我幾乎完全打消了這個天真的念頭。

他們誘導我思考，並進一步跟我分析，一個店面需要支付的直接、間接成本有哪些？基本的店面裝潢和租金、員工薪水（如果自己做的話或許可以省一

點）、食材成本、水電瓦斯、生財機器……等；除此之外，還要考慮同業都會削價競爭。而且許多很好的開店據點租金昂貴，幾乎都已經被其他業者捷足先登，因此如果我的產品沒有能吸引客戶的獨家賣點，店又不是開在很好的地點，很快就會被市場淘汰。

舉某「食物工廠」為例，當時因為一時的爆紅，許多客戶因為新鮮感，花很多時間排隊、爆買、搶食。許多投資客見到有利可圖，前仆後繼地加盟當老闆賣蛋塔，在短短的三個月內確實賺到了大把銀子，但在風潮過後，卻出現大量倒閉的危機。前一陣子流行的夾娃娃機，也是落得如此下場。

因此創業的項目，不應只選擇時下潮流或低門檻的項目，畢竟群眾是盲目的，狂熱流行只會有一時的風光。

老爸引導我的這些商業思維課程（當然，從小到大絕對不只18堂而已），無疑是幫助我未來更能融入職場的一大助力。或許這些能力未必能讓我一出社會後就馬上賺大錢，卻能幫助我快速適應、分析解決問題、在逆境中尋找其他方案。這些能力在學校裡幾乎是學不到的，即便出社會之後，我可能也需要花好幾年功夫磨練，才能領悟這些道理。

我真的很感謝老爸老媽，以很有遠見的方式持續教導我，讓我有機會可以成為更好的人。

父子一路上 的 點點滴滴

神碁科技 樂活單車日

MAY 17 2008

國家圖書館出版品預行編目（CIP）資料

給兒子的18堂商業思維課 / 林明樟、林承勳著. -- 初版. -- 臺北市
：商周出版：家庭傳媒城邦分公司發行, 2019.02
　　面；　　公分. -- (新商業周刊叢書；BW0697)
　ISBN 978-986-477-612-2(平裝)

1. 企業經營 2. 創意 3. 個案研究

　494.1　　　　　　　　　　　　　　　　　　108000176

新商業周刊叢書BW0697

給兒子的18堂商業思維課

作　　　者／林明樟（MJ老師）、林承勳（Willie）
責 任 編 輯／李皓歆
企 劃 選 書／陳美靜
插　　　畫／本本國際有限公司
版　　　權／黃淑敏
行 銷 業 務／周佑潔

總　編　輯／陳美靜
總　經　理／彭之琬
發　行　人／何飛鵬
法 律 顧 問／台英國際商務法律事務所　羅明通律師
出　　　版／商周出版
　　　　　　臺北市104民生東路二段141號9樓
　　　　　　電話：(02) 2500-7008　傳真：(02) 2500-7759
　　　　　　E-mail: bwp.service @ cite.com.tw
發　　　行／英屬蓋曼群島商家庭傳媒股份有限公司　城邦分公司
　　　　　　臺北市104民生東路二段141號2樓
　　　　　　讀者服務專線：0800-020-299　24小時傳真服務：(02) 2517-0999
　　　　　　讀者服務信箱E-mail: cs@cite.com.tw
　　　　　　劃撥帳號：19833503　戶名：英屬蓋曼群島商家庭傳媒股份有限公司城邦分公司
訂 購 服 務／書虫股份有限公司客服專線：(02) 2500-7718；2500-7719
　　　　　　服務時間：週一至週五上午09:30-12:00；下午13:30-17:00
　　　　　　24小時傳真專線：(02) 2500-1990；2500-1991
　　　　　　劃撥帳號：19863813　戶名：書虫股份有限公司
　　　　　　E-mail: service@readingclub.com.tw
香港發行所／城邦（香港）出版集團有限公司
　　　　　　香港灣仔駱克道193號東超商業中心1樓
　　　　　　E-mail: hkcite@biznetvigator.com
　　　　　　電話：(852) 25086231　傳真：(852) 25789337
馬新發行所／城邦（馬新）出版集團
　　　　　　Cite (M) Sdn. Bhd.
　　　　　　41, Jalan Radin Anum, Bandar Baru Sri Petaling, 57000 Kuala Lumpur, Malaysia.
　　　　　　電話：(603) 90563833　　傳真：(603) 90576622　　E-mail: services@cite.my

封面設計／柳佳璋
美術編輯／簡至成
印　　刷／鴻霖印刷傳媒股份有限公司
經 銷 商／聯合發行股份有限公司　新北市231新店區寶橋路235巷6弄6號2樓
　　　　　電話：(02) 2917-8022　傳真：(02) 2911-0053

■ 2019年02月25日初版1刷　　　　　　　　　　　　Printed in Taiwan
■ 2023年7月31日初版13刷
定價360元 版權所有・翻印必究　　　　　　　　　城邦讀書花園
　　　　　　　　　　　　　　　　　　　　　　　www.cite.com.tw
ISBN 978-986-477-612-2